解構

氣象

點線面

MET WARN 天氣預警 著

目錄

第一章：熱帶氣旋

推薦序

梁榮武

香港天文台前助理台長、香港中文大學物理系客席教授、
香港理工大學土地測量及地理資訊系客席教授

「不論風雨，走在最前。」

「我們繼續逆風而行。」

「或許，未來是未知之數；但是，若我們能捉緊現在，就能和大家預報未來。」

在風雨交加的日子，假若你聽到上面這些說話，我想大家除了覺得窩心之外，心裏亦不會因為天氣變幻莫測而感到徬徨。如果你又知道說這些話的，是一群執著於追求真理的年青人，那麼，你的感覺更可能有如在黎明前的黑暗中看見曙光那樣興奮。

人打從出生的第一天開始，便要和天氣打交道；日子久了，經驗多了，都以為很了解天氣，甚至潛意識地以專家自居；反而那些每天從事預測天氣的專業人員，卻因為見盡風雨，深知天氣幻變，是大自然中有序中的混沌，所以，他們雖然掌握了天氣的規律，卻對天氣形勢的發展抱持一點保留；這麼一來，天氣預報員的預測或天氣警告便和一些「去到盡」、「緊貼著前車車尾」的朋友的期望出現落差，批評甚至漫罵之聲便因此而此起彼落。在這一刻，MET WARN 的天氣主持人以科學持平的態度，在社交媒體上從多角度去解釋天氣變化的種種可能性；我想，這對每一位關心天氣的朋友，無論在增長知識，或是在因應天氣變化下而部署往後各種活動等方面，都肯定都是好事。

我對 MET WARN 不完全熟悉，相信他們的成員主要以業餘氣象愛好者為骨幹。

在興趣的驅使下，他們多年來用心分析香港的重要天氣；在和網友互動的時候，他們又掌握了民眾在不同類型天氣下所關心的問題。累積了這些寶貴的經驗之後，這群年青朋友便以天氣史實為經、以科學為緯，加以融會貫通和沉澱，最後結集成此書。毫無疑問，這本書的面世，是他們在氣象事業上的一個饒有意義的里程碑。

有時候，在社交媒體的天氣討論中，間中會看到一些朋友走「高檔」路線，拋出一大堆艱深苦澀的理論，似乎要在虛擬空間建立權威；但這麼一來，便難免會和普羅大眾脫節了。MET WARN 的年青朋友深明此道，此書雖然間中也會引經據典，但目的並不在賣弄，而是事實上有需要；因為要將複雜的天氣過程，深入淺出地清楚解釋，是難度頗高的事情。此書的作者們也會在適當的時間，用上生動易明的本地方言，例如某颱風從日本「彈回」南海、電腦模式再「彈弓手」重新預測之類，讓所描述中的天氣系統添加了動感；你讀起來的時候，不單容易產生共鳴，甚至間中會發出會心微笑；這樣的風格，和我主持的電視科普節目「武測天」，可謂不謀而合。

年青人喜歡刺激，「追風」便是很多氣象愛好者在打風時的指定活動，此書亦當然不會缺少這個環節。在這方面，我倒亦有一些經驗。但和其他氣象愛好者不同之處，我追風時並不會熱衷於帶齊裝備，去記錄颱風的科學參數；相反，我只想憑著我的感官去觀察大自然，去感受它的偉大。當你暴露於颱風之中，強風把你吹得步履蹣跚，雨點又會使勁地鞭笞著你的身軀，再聽著風聲夾雜著樹枝碰撞時所發出的有節奏的聲音，你真的感覺到有如置身於戶外的大自然交響樂演奏會之中；所不同的，是你會聞到折斷的樹枝、滿地的落葉和被雨水滋潤了的泥土所散發出的幽香。此情此景，你能不讚嘆造物的奇妙？更重要的，是在風雨飄搖之際，我們可以悟出人生的道理，明白人的渺小，不會迷信「人定勝天」，懂得以謙卑對大自然。我想，只有這樣，我們才可以在氣候危機和環境崩壞等挑戰之下，開闢新天地，締造美好將來。

氣象不單是科學，亦是探索大自然的臺階。香港人編著的氣象書籍並不多，此

書不單是幾位香港氣象愛好者的心血結晶，亦是最具香港特色的同類書籍的其中一本。在氣候變化之下，香港的天氣對我們生活的衝擊將會愈來愈大；收藏和閱讀此書，不單可讓大家更充份地準備將來，更可以為年青朋友在普及氣象科學的路途上打打氣，一舉兩得，大家千萬不要錯過呀！

推薦序

胡宏俊（胡思）
香港天文台前高級科學主任、現胡思頻道主播

與 MET WARN 這班年青人的相識，可說是緣份。

我在 2021 年春夏之交告別工作半生的天文台，旋即移居歐亞大陸對岸的小島，在北緯 52° 的新家園花了幾個月處理瑣事，靜下來方才卻發現，沒有工作的人生好像有點欠缺，悶來無聊在YouTube開了一條頻道（後命名為「胡思頻道」），報告天氣以及闡述時事、科學、科技等話題。

由於曾任職天文台，不少觀眾都要求我多談氣象，特別當香港遇上惡劣天氣之時，更希望我可「洩漏天機」。有感自己不在地，亦無法接觸內部數據，自己一個人做節目倍感困難。這時發現，原來有一班氣象迷早已在做著這些工作，更令我驚歎的是他們的專業水平。因緣際會之下，MET WARN 和我合作過數次，他們為氣象迷分析情況，我則補充一些專業觀點，可謂相得益彰。我們亦曾同台預測天文台的警告，結果是他們比我更準，令我不得不佩服。

也許因為在政府部門工作呆了太久，思想無可避免為機構所同化，以致有時也難免「堅離地」，不明白為什麼有時公眾不理解我們的工作。反而在體制外的朋友能更有效的向公眾說明，這一點值得友儕反思。

這本書是這幾名年青人嘔心瀝血的傑作，內容精準、製作認真，亦反映作者們對氣象有相當深入的認識。書中有多篇講述港人至愛的熱帶氣旋，近年經典山竹（2018）、獅子山（2021）和馬鞍（2022）無一缺席。暴雨的介紹非常詳細，讓大家明白預測這類天氣的科技限制。有關地震和海嘯的數篇文章，則有助經

常外遊的香港人趨吉避凶。

相信這本書不但能豐富氣象迷的知識，也有助提升市民大眾對天文台和氣象的了解。氣象萬千，未來的經典風雨陸續有來，由衷盼望這僅是 MET WARN 的第一響，將來會有更多精彩的製作。

自序

林東岳 TN Lam
MET WARN 天氣預警 創辦人

自幼便是一個三分鐘熱度的人，小時候更曾被診斷有專注力不足問題。即使嘗試發展不同興趣，十居其九都是半途而廢。直到小學二年級那年，我遇上了氣象，從此便踏上了這個奇妙旅程。「垃圾桶 KO 女途人」的派比安、趨向日本變成直襲香港的風神、風眼籠罩香港的鸚鵡，每一個風暴的不同特點，都成功引起我的好奇心，使我對氣象越發著迷。漸漸地，發現自己竟然能於研究氣象時無比專注，克服「心散」的問題。終於明白，原來自己與氣象十分「咬弦」，氣象便是我的興趣。

但即使從小熱愛氣象，卻從沒想過會有出版書籍分享氣象知識的一天。今次有幸獲賜良機出書，當然要感謝蜂鳥出版給予我們一個寶貴機會，亦要感謝一直支持我們的朋友，陪伴我們走過風風雨雨，達成不勝枚舉的里程碑。

MET WARN 在 2012 年成立，霎眼間逾十個寒暑已過。從 2013 年全港嚴陣以待的天兔、2014 年 3 月黑雨廣泛落雹、2016 年超級寒潮、同年風暴直播首播、再到 2017 年的天鴿、2018 年的山竹、2021 年獅子山圓規、2022 年尼格、2023 年蘇拉⋯⋯數之不盡的天氣大小事、每一節的《風暴直播室》我們都與大家一一走過、一同見證。

事實上，MET WARN 的誕生，最初只是「玩玩吓」，沒想過太多便在 Facebook 開設專頁，怎料追蹤人數竟拾級而上！「玩玩吓」的心態隨之變成一種責任感。隨著專頁繼續發展，我們亦迎來更多成員的加入。大家各司其職，互補長短，成就了今天的 MET WARN。單憑我一臂之力，MET WARN 難以有今天的規模，

更遑論出版書籍。在此，我由衷感謝各成員對 MET WARN 的無私付出。

MET WARN 團隊沒有任何出版書籍的經驗，凡事都只是「摸著石頭過河」。由書名、內容架構的組成、其深淺度該怎樣拿捏、示意圖該怎樣繪畫、如何將深奧的科學知識以淺白的文字表達等等，我們幾乎毫無頭緒。此書最終能夠出版，有賴氣象界各路人馬及出版社一直給予我們寶貴意見，鼎力相助。

《解構氣象點線面》集合了熱帶氣旋、暴雨與強對流天氣、寒潮、夏季天氣、地震與海嘯的不同內容，深入淺出為大家解說各類氣象知識。除此之外，亦會分享及解答一般市民對某些氣象事件的疑問，亦會記錄我們應對風暴期間的點點滴滴。

我們希望此書不會是一本「填鴨式」氣象教科書，而是將氣象的各樣大小事，以合適的方法，淺白的文辭，呈現予一眾讀者。希望大家讀畢此書，能夠「捉緊現在，預報未來」。

資料來源及免責聲明

本刊物載有一些複製或摘錄自香港天文台（下稱「天文台」）網站的資料，有關網站包括 https://www.weather.gov.hk 和 https://www.hko.gov.hk，以及 weather.gov.hk 和 hko.gov.hk 的子域。本刊物所載任何內容提供複製或摘錄自天文台網站所載的資料或連接至天文台網站的連結，並不構成天文台與任何人就本刊物，或所載任何內容有任何形式的合作或聯繫。本刊物並無任何資料構成任何申述、保證或暗示天文台同意、認可、推薦或批准本刊物的任何內容。對於因使用、不當使用、依據或不能使用本刊物的任何內容而引致或涉及的任何損失、毀壞或損害（包括但不限於因而造成的損失、毀壞或損害），天文台概不承擔任何法律責任、義務或責任。

本刊物亦使用了一些源自以下組織的資料：

歐洲中期預報中心（European Centre for Medium-Range Weather Forecasts）
美國海軍研究實驗室（United States Naval Research Laboratory）
皇家氣象學會（Royal Metereological Society）

同樣地，此並不構成以上任一組織與任何人就本刊物，或所載任何內容有任何形式的合作和聯繫。本刊物並無任何資料構成任何申述、保證或暗示以上任一組織同意、認可、推薦或批准本刊物的任何內容。對於因使用、不當使用、依據或不能使用本刊物的任何內容而引致或涉及的任何損失、毀壞或損害（包括但不限於因而造成的損失、毀壞或損害），以上任一組織亦不承擔任何法律責任、義務或責任。

本刊物亦使用了一些源自以下組織或網站的資料：

香港特別行政區地政總署測繪處
香港特別行政區新聞處
Google 地圖
Wikimedia commons
世界氣象組織（World Metereological Organization）
日本氣象廳（Japan Metereological Agency）
日本國立情報學研究所（National Institute of Informatics）
韓國氣象廳（Korea Metereological Administration）
英國氣象局（Met Office）
美國國家環境預報中心（NCEP）
美國國家環境衛星、數據及資訊服務中心（NESDIS）
美國威斯康辛大學麥迪遜分校氣象衛星合作研究所（UW-CIMSS）
美國懷俄明大學（University of Wyoming）
tropicaltidbits.com
earth.nullschool.net
typhoon2000.ph

作者已盡量追溯本刊物使用的所有資料的來源，並註明出處。如相關資料的知識產權擁有者有任何疑問，歡迎透過電郵 info@metwarn.com 與作者聯絡。

The authors have made their best effort to trace the source of and make proper credit to all information used in this publication. If the intellectual property owner(s) of any such information has/have any queries, please contact the authors via email at info@metwarn.com.

第 一 章
熱 帶 氣 旋

1.1
打風只係放假咁簡單？
風暴稱號與命名你又知幾多？

「電視節目有好多種」，風暴都有分好多種。大家不時會從電視或網絡媒體聽到熱帶風暴、颱風、颶風等名字，其實它們都是屬於「熱帶氣旋」。

熱帶氣旋（tropical cyclone）一般在熱帶或副熱帶洋面形成。它們是快速旋轉的低壓系統，吸收溫暖海水的能量維生，猶如一部大型抽濕機。熱帶氣旋所到之處，一般會出現狂風、暴雨、大浪，甚至會帶來風暴潮。

不同洋區的熱帶氣旋雖然屬同一類系統，卻有不同俗稱。位於南海和西北太平洋的熱帶氣旋一般稱為颱風。在東北太平洋和美國附近的北大西洋，熱帶氣旋則被稱為颶風（hurricane）。

狂風相信是熱帶氣旋最標誌性的特徵。世界氣象組織採用蒲福氏風級，將不同風力分為 0 至 12 級，天文台亦採用八個不同風力術語作描述。

蒲福氏風級	描述風力術語	平均風速（公里每小時）
0	無風	<2
1 - 2	輕微	2 - 12
3 - 4	和緩	13 - 30
5	清勁	31 - 40

6 - 7	強風	41 - 62
8 - 9	烈風	63 - 87
10 - 11	暴風	88 - 117
12	颶風	>=118

表 1. 蒲福氏風級。資料來源：世界氣象組織、香港特別行政區政府香港天文台。

世界各地都會將熱帶氣旋按強度分級。世界氣象組織建議以離海平面十米高的最高十分鐘平均風速作熱帶氣旋強度的標準。天文台跟隨世界氣象組織指引，再將熱帶氣旋細分為六級：

級別	最高十分鐘平均風速	對應蒲福氏風級
熱帶低氣壓 （Tropical Depression）	每小時 41 至 62 公里	6 至 7 級（強風）
熱帶風暴 （Tropical Storm）	每小時 63 至 87 公里	8 至 9 級（烈風）
強烈熱帶風暴 （Severe Tropical Storm）	每小時 88 至 117 公里	10 至 11 級（暴風）
颶風 （Typhoon）	每小時 118 至 149 公里	12 級（颶風）
強颱風 （Severe Typhoon）	每小時 150 至 184 公里	
超強颱風 （Super Typhoon）	每小時 185 公里或以上	

表 2. 香港天文台採用的熱帶氣旋強度分級。資料來源：香港特別行政區政府香港天文台。

美國氣象機構更會按薩菲爾–辛普森颶風風力等級（Saffir-Simpson Hurricane Wind Scale，簡稱 SSHWS），將颶風和颱風的強度細分為五級。值得一提的是，美國採用一分鐘平均風速評估風暴強度，數字稍高於十分鐘平均風速，不宜直接對比，而根據世界氣象組織指引，十分鐘平均風速約為一分鐘平均風速的 0.93 倍。

SSHWS 分級	最高一分鐘平均風速
Category 1 一級颶風 / 颱風	每小時 119 至 153 公里 [1]
Category 2 二級颶風 / 颱風	每小時 154 至 177 公里
Category 3 三級颶風 / 颱風	每小時 178 至 208 公里
Category 4 四級颶風 / 颱風	每小時 209 至 251 公里
Category 5 五級颶風 / 颱風	每小時 252 公里或以上

表 3. 薩菲爾－辛普森颶風風力等級。

為了區分西北太平洋及南海的每個風暴，當日本氣象廳判斷熱帶氣旋強度達熱帶風暴級時，便會為該風暴命名。現時風暴名稱由 14 個國家或地區提供，每個國家或地區提供 10 個，並會輪替使用。風暴名稱相當多元，既可以是當地常見的動植物，更可以是地方名、食物、神話人物甚至星座，一定程度反映當地文化特色。香港代表作則有「啟德」、「馬鞍」、「獅子山」，這些名字的風暴均曾帶來八號風球。

日本氣象廳於 2000 年開始為熱帶氣旋命名。此前，美國聯合颱風預警中心會為西北太平洋和南海的熱帶氣旋作非官方命名，一般是常見洋名。以 1962 年襲港的熱帶氣旋溫黛為例，其名字取自英文名稱 Wanda。由於 1979 年前命名表只有女性名稱，因此過往颱風又有「風姐」之稱。

值得留意的是，不同氣象機構對熱帶氣旋的強度評估可有出入。有時，即使天文台評估一個風暴為熱帶低氣壓，但只要日本氣象廳升格該風暴為熱帶風暴，該風暴便會有名稱；相反，即使天文台評估一個系統為熱帶風暴，但日本氣象廳一日未作出升格，這個系統就會是「無名」熱帶風暴。

---

1 雖然每小時 118 公里的風速即屬 12 級颶風，但美國國家颶風中心列出的 SSHWS 以每小時 119 公里為一級颶風 / 颱風的起始點。本表以美國國家颶風中心的資料為準。

只要熱帶氣旋造成的破壞較輕,該名稱便很可能再度使用。以風暴「圓規」為例,2004 年的圓規於 7 月 16 日以熱帶風暴強度登陸香港西貢,天文台發出八號風球。17 年後的 2021 年,颱風圓規再臨,再次為香港帶來八號風球。

倘若熱帶氣旋造成重大人命傷亡和經濟損失,受影響地區便有機會向颱風委員會提出除名申請,再由新名字填補空缺。菲律賓常受熱帶氣旋吹襲,因此是其中一個風暴除名申請的「常客」。單單於 2023 年的第 55 屆颱風委員會會議上,菲律賓便提出將 7 個熱帶氣旋除名,包括康森、圓規、雷伊、鮎魚、馬鞍、奧鹿及尼格。近年廣為人知的菲律賓風災,無疑是 2013 年超強颱風海燕。海燕於菲律賓中南部造成至少 6,300 人死亡,風暴吹襲後數天,菲律賓代表更在聯合國就氣候協議的會議上控訴各國加劇全球暖化,導致菲律賓承受不必要的惡果。

除了重大人命傷亡和經濟損失外,一些特殊情況下風暴亦可能被申請除名。以「馬勒卡」為例,由於馬勒卡的英文於希臘屬色情用語,風暴活躍期間於社交媒體引起軒然大波,促使非颱風委員會成員的英國提出除名申請。及後,颱風委員會提醒成員提交名字建議時,須注意名字在全球不同文化中會否具不雅意味,或帶有政治或宗教色彩。

1.2

今次打風吹咩風？
各區風力差異可以好大？

「原先受遮蔽的地方可能會變得當風，市民應留意風向轉變……」

「預料本港會由偏北風逐漸轉為偏東風，普遍地區風力會進一步增強……」

每逢打風，無論在天文台的熱帶氣旋警報抑或 MET WARN 的《風暴直播室》，都經常聽到以上內容。香港八號風球亦分為四個風向，分別為東北、東南、西北、西南。為甚麼八號風球需要細分不同方向呢？這是因為每逢打風，香港風向會因應熱帶氣旋的方位而轉變，不同地區感受到的風力亦會不一。

在北半球，熱帶氣旋以逆時針方向旋轉，相關氣流（即我們感受到的風）亦會以逆時針方向流入風暴中心。因此，熱帶氣旋所處位置不同，風自然會從不同方向吹往香港。

氣象「沙灘波」

到底如何判斷熱帶氣旋吹襲期間香港的風向呢？天文台根據過去數十年影響香港熱帶氣旋的數據，製作了風暴集結在特定區域時橫瀾島的盛行風向圖，俗稱「沙灘波」，我們可從中大概得知熱帶氣旋在某個位置時香港的風向。

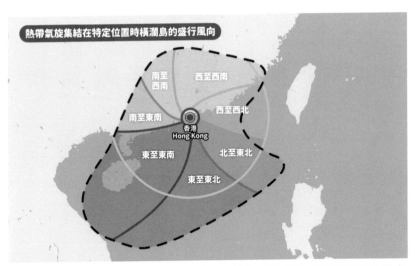

圖 1. 熱帶氣旋集結在特定位置時橫瀾島的盛行風向圖。資料來源：香港特別行政區政府香港天文台於 2010 年 9 月發表的天文台網誌《「豬腰」與「沙灘球」》。

根據沙灘波，如果熱帶氣旋在香港以南掠過、西邊登陸，當它仍在香港東南面時，香港會先吹起北至東北風；隨著熱帶氣旋繼續向西移動，掠過香港以南時，香港會逐漸轉吹東至東南風。因此，「八號東北」和「八號東南」是常見的八號風球風向組合，例子包括 2008 年熱帶氣旋黑格比及 2022 年熱帶氣旋馬鞍。

另一個常見的八號風球風向組合為「八號西北」和「八號西南」，對應在香港東面登陸、北面掠過的熱帶氣旋，例子包括 2013 年熱帶氣旋天兔和 2016 年熱帶氣旋妮妲。這種情況下，香港會首先吹起西北風，隨著熱帶氣旋繼續向西移，掠過香港以北時，則轉吹西南風。

不過，沙灘波不是適用於所有熱帶氣旋。其中一種特殊情況是風暴與東北季候風共同影響，風向便可能因兩股氣流疊加而改變。以 2017 年熱帶氣旋卡努為例，雖然它在本港西南偏南約 210 公里掠過，按沙灘波應是吹東至東南風，但由於華南沿岸同時受東北季候風影響，疊加起來導致風向偏北。因此，天文台

當時只發出八號東北信號,而未有改發八號東南信號。

邊個風向大風啲?離岸、高地與市區的差異

八號風球四個方向,哪一個才是最大風呢?風暴對本港的實際影響不能單靠風向判斷,「東登」或「西登」熱帶氣旋的風雨大細亦不是非黑即白。惟籠統而言,受本港主要山脈影響,偏北風到達市區前會被阻擋,市區所受風力較細,新界或空曠地區風力則偏大;相反,本港東面為海洋,磨擦力較陸地細,而且本港主要山脈對東風阻擋相對較細,因此本港吹偏東風時,較多地區會最為當風。

如果讀者有留意天文台天氣報告,不難發現天文台常常提及「離岸」、「高地」等字眼。根據 MET WARN 觀察,通常預料市區與近海、地勢較高地區的風勢

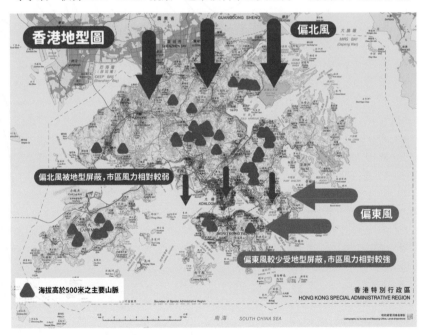

圖 2. 香港主要山脈分布示意圖。資料來源:香港特別行政區政府地政總署測繪處。

差異較大時，便會將市區與離岸或高地的風勢分開闡述，以提醒前往或居於該處的市民。

事實上，香港近數十年急速城市化，亦令市區風力情況越趨複雜，難以一概而論。香港「山多平地少」的特質，連小學常識科課本亦會提及，有關概念早已植根絕大部分香港人的腦海裡。正因這個特質，城市建設少不免要「向高向上發展」，以求盡用空間。資料顯示，截至 2022 年 9 月，香港共有 1,986 棟高於 100 米的建築物，數量冠絕全球。這些高樓大廈一方面令有些地方可能受到屏蔽，另一方面有些地方卻可能位處「風洞」，風力被放大。

「兩個納沙」的比較案例

讓我們以 2011 及 2022 年同樣稱為「納沙」、均令天文台發出風球的熱帶氣旋作例，分析不同風向下香港的風力特點。兩者最接近本港時的距離和強度相若，惟前者最接近時位於本港西南方，本港主要吹東至東南風；後者最接近時則位於本港東南方，加上掠港期間東北季候風更顯著，因此本港主要吹北至東北風。

整體而言，2011 年納沙風力更強，亦為本港帶來八號風球。然而，在新界北部的測風站，2022 年納沙風力只是稍遜於 2011 年的「前輩」，甚至令該區一些市民以為 2022 年納沙比不少三號和八號風球強。

參考測風站	2011 年納沙 （最高信號： 八號風球）	2022 年納沙 （最高信號： 三號風球）
	熱帶氣旋警告信號生效時最高每小時平均風速 （公里每小時）	
赤鱲角	62	33
長洲	79	57

啟德	47	31
流浮山	49	48
西貢	58	40
沙田	27	22
打鼓嶺	27	29
青衣蜆殼油庫	31	24
濕地公園	31	17

表 1. 2011 和 2022 年熱帶氣旋納沙的八站網絡風力對比。由於天文台於 2013 年以流浮山取代濕地公園作為指定測風站,本表同時列出兩個測風站的數據。資料來源:香港特別行政區政府香港天文台 2011 及 2022 年《熱帶氣旋年刊》。

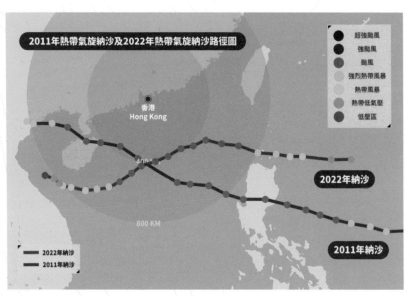

圖 3. 2011 和 2022 年熱帶氣旋納沙的路徑對比。資料來源:香港特別行政區政府香港天文台。

1.3
探究香港風暴預警系統

香港數字熱帶氣旋警告系統（下稱風球系統）於 1917 年開始使用，至今已有逾 100 年歷史。回望過去一世紀，風球系統經歷不少爭議、變遷，但可肯定的是風球成為了一代又一代香港人的集體回憶，與我們密不可分，亦衍生各種香港獨有特色，例如「上波趕收工」、「落波趕返工」等恍如動物大遷徙的場景，甚至是都市傳說「李氏力場」。這部分，我們會淺談風球系統的歷史、制度、實際運作和爭議。

風球系統的變遷：由「1 至 7」到「1、3、8、9、10」

香港早在 1884 年已有預警熱帶氣旋的信號系統，最初採用圓柱形、球形和圓錐形的信號，並在港口發放。當風暴接近香港時，更會以鳴砲或燃放炸藥的巨響方法，警告居民烈風將吹襲本港。

1917 年，香港開始採用數字風球系統，當時二至五號風球分別表示烈風將會由北、南、東或西四個方向吹襲本港，六號風球代表烈風風力增強，七號風球則對應現今十號颶風信號。

1931 年，信號改為一至十號，二及三號分別代表西南及東南強風，四號為非本地信號，五至八號代表四個方向的烈風。二至四號風球於 1930 年代後期被取消，其後在 1956 年重新引入三號強風信號。

當時烈風信號因應風向分為五（西北）、六（西南）、七（東北）、八（東南）號，容易引起公眾誤會，例如認為五號風球的風力比八號風球弱，因此五至八號信號在 1973 年統一為八號烈風或暴風信號，並沿用至今。

由維港到「八站網絡」

三號及八號風球原本以維多利亞港內的風力作參考標準。然而，2006 年颱風派比安襲港，本港多處吹烈風至暴風，整體風力較以往多個八號風球強，甚至出現「垃圾桶 KO 女途人」等場面，相信讀者記憶猶新。縱使風力強勁，天文台卻以維港未有錄得烈風為由，未有發出八號風球（事實上位於維港的啟德十分鐘平均風速曾達烈風），引起社會各界猛烈抨擊，李氏力場一說更於此時興起。

事後，天文台作出檢討，2007 年起改為參考全港八個測風站的風力，分別為長洲、機場、西貢、啟德、青衣、打鼓嶺、沙田及濕地公園。當有半數或更多測風站錄得或預料風力達強風或烈風，便會發出三號或八號信號。2013 年，天文台指出濕地公園站測得的風力數據有持續下降的趨勢，決定以鄰近的流浮山站取代。

圖 1. 全港八個參考測風站的分布。資料來源：香港特別行政區政府香港天文台。

八站達標率低？其他有助了解全港風力的測風站

八站網絡 2007 年起沿用至今，截至 2022 年歷經超過 30 個八號風球。相信「心水清」或對氣象有一定理解的讀者會很清楚，八個參考測風站之中，部分因其位置和周遭環境等因素，打風時較難錄得達標風力，難免惹起八站網絡能否實際反映本地風力的質疑。

MET WARN 統計了 2007 至 2022 年期間八號風球達標率，其中「八中四」（即八個參考測風站中有四個錄得烈風或以上風力）個案不足三成，只有九個風暴達標[1]。八個測風站個別達標率方面，長洲最高，約為九成，其次為機場，約為五成。打鼓嶺及沙田在列入八站網絡後從未錄得烈風，就算是 2018 年熱帶氣旋山竹亦未能打破「天花板」。

除八個參考測風站外，其他測風站亦具重要作用。天文台在 2018 年 10 月發表的氣象冷知識《橫瀾島－山竹前後》中曾經提到，位於本港東南的橫瀾島是颱風預警的「前哨站」，為評估南海北部熱帶氣旋及雨帶對香港的影響發揮預警作用。橫瀾島相比市區一般較先起風，例如在山竹襲港當日較香港大部分地區早超過一小時錄得颶風風力。因此，橫瀾島對於評估風暴影響香港的程度相當重要。

雖然維港標準在官方層面上已成歷史，但維港內的測風站仍有相當參考價值。以北角及中環碼頭為例，它們對東至東北偏東風較靈敏，可反映市區風力；南面則有建築物及高山，偏南風會因受屏蔽而偏弱。至於位於尖沙咀的天星碼頭，由於正西方較開揚，對西風較靈敏，故可以反映「東登」風暴的威力。以 2016 年熱帶氣旋海馬和 2017 年熱帶氣旋苗柏為例，這兩個「東登」風暴均令天星碼頭錄得烈風。

值得一提的是，有一些八號風球個案雖然未達八中四標準，維港卻錄得烈風。

---

1 2008 年熱帶氣旋風神襲港期間，流浮山未列入八站網絡，但曾錄得持續烈風。基於統一比較原則，風神被列入達標個案之一。

圖2. 截至2023年8月天文台網頁顯示本港測風站分布。資料來源：香港特別行政區政府香港天文台。

以2012年熱帶風暴杜蘇芮為例，八個參考測風站只有長洲錄得烈風，單看八站網絡可能會以為是「弱八」，但它為維港帶來烈風，按維港標準是「合格」的八號風球。

翻查資料，2007至2022年期間，共有13個風暴令維港錄得烈風，達標率約四成，比八站網絡達標率更高。總的來說，除八站網絡外，大家亦可同時參考其餘測風站的風力，以便更仔細掌握本港各區的風力情況。

強三？弱八？淺談預警和公眾安全

前文提到，八站網絡達標率相當一般，但它仍是氣象迷「賽後檢討」的指標，「強三號波」與「弱八號波」說法亦油然而生。風球強弱的概念更被引申至其餘各級信號，甚至連澳門氣象局等官方機構亦曾使用「弱八號」形容僅僅達標的八號風球[2]。

---

2 澳門地球物理暨氣象局曾於2022年熱帶氣旋木蘭影響港澳後撰寫「特別推送」（類似天文台的天氣隨筆），並以《「弱」8號木蘭總結》為題，解釋局方懸掛八號風球的原因。

「強三」和「弱八」並無明確定義。在部分氣象迷眼中，只要八個參考測風站有四個或以上吹強風，即八中四達標，便可視為強三。以八站網絡投入運作後的個案為例，強三的「天花板」大約是 2008 年熱帶氣旋浣熊、2011 年熱帶氣旋海馬和 2015 年熱帶氣旋彩虹。這些風暴的共通點為長洲錄得九級烈風，其餘七個參考測風站則有至少一個錄得接近烈風，甚至短暫達到烈風水平。

然而，當天文台於風力普遍只達強三或以下水平的情況下發出了八號風球，便有機會被形容為弱八。近年來最極端的個案是 2015 年熱帶氣旋蓮花和 2017 年熱帶氣旋洛克，八號信號生效期間本港風力疲弱，至今仍是不少氣象迷的「鞭屍年經」。

為甚麼會出現弱八呢？風球系統說到底是預警，往往不能在本地風力達標時才發出。根據 MET WARN 就過往案例的歸納，電腦模式預報、鄰近地區風力、過往案例等亦是重要的指標。然而，預報畢竟無法百發百中，自然會有「買大開細」的情況出現。

以 2020 年熱帶風暴浪卡為例，當時電腦模式預測，在浪卡和東北季候風的共同影響下，華南沿岸會出現廣闊雨帶，伴隨的烈風會同時影響本港。最終，天文台發出八號風球並維持 14 小時。然而，由於東北季候風較預期乾燥，雨帶靠近華南沿岸時的強度較電腦模式預測弱，導致當日日間風雨亦不如預期，八個參考測風站中亦沒有一個錄得烈風。

浪卡強度較弱，發出八號風球時亦與本港維持 450 公里或以上的距離，情況罕見且缺乏往例參考。根據天文台於 2020 年 10 月撰寫的天氣隨筆《浪卡「主攻」x 季候風「助攻」》，天文台參考了各地電腦模式預測，判斷烈風對本港的威脅，並因而發出八號風球。

圖 3. 美國（上）及歐洲（下）電腦模式在 2020 年 10 月 12 日香港時間上午 8 時的預測，當時兩個電腦模式均預測浪卡的烈風區會於翌日日間貼近沿岸地區。圖片來源：NCEP（上）、ECMWF（下）。

33

不能吃的「豬腰」

維港風力「豬腰」圖

香港
Hong Kong

— 颱風襲港時維港有五成機會吹烈風的「豬腰」
— 強烈熱帶風暴襲港時維港有五成機會吹烈風的「豬腰」

圖 4. 以維港測風站數據為基礎的烈風豬腰。資料來源：香港特別行政區政府香港天文台於 2004 年 11 月發表的《技術報告（本港傳閱）第 81 號》。

前文提及天文台衡量發出風球的必要時，會參考過往案例。其中一個基於過往案例發展的預報工具便是豬腰（wind kidney）。

此豬腰並非可食用的豬腰，而是地圖上的一個特定區域。當熱帶氣旋進入這個區域時，便有若干機率使香港某地點吹起某個級別的風力（一般以強風或烈風作為指標）。這些區域看起來像豬腰，因而得名。

豬腰以統計為基礎，遇上結構典型的熱帶氣旋時可謂「好使好用」。可是，當熱帶氣旋的風力分布較奇怪，或環流極其廣闊時，豬腰的參考價值便可能有所降低。以上圖為例，假如一個環流明顯較正常廣闊、達颱風級強度的熱帶氣旋進入「維港五成概率烈風豬腰」時，維港在本次風暴吹襲期間出現烈風的機會極可能超過五成。因此，天文台不會一成不變、只參考一套豬腰，而是針對不同強度的熱帶氣旋，製作不同概率的豬腰。當遇上環流廣闊的熱帶氣旋時，天文台便可能動用概率低於五成這個「中間值」的豬腰，反之亦然。

氣象 Q&A：離岸間中 6 級風，係咪要三號波？

風暴襲港時，我們不時從傳媒報道中看到「離岸間中 6 級，風力達三號波」等標題。倘若天文台最終沒有發出三號風球，大家可能會覺得實際天氣與天文台預測有出入。實際上，這個落差是因為個別傳媒誤解了天氣預測的內容。

無論是維港還是八站網絡標準，大部分級別的風球並非單純考慮離岸海域的風力。以離岸間中 6 級的預測為例，這代表本港其他地區未受強風影響，因此未達三號風球標準。同樣道理，離岸間中 8 級亦不等於風力達八號風球水平。

 氣象 Q&A：「咁大雨都唔掛八號？」

這句話存在邏輯謬誤。

誠然，熱帶氣旋的外圍雨帶伴隨著較強陣風。受外圍雨帶影響時，戶外會突然大風大雨，體感或較惡劣。然而，風球以風力為指標，雨勢有時頗大並不代表必須發出某個級別的風球。另外，外圍雨帶主導的風力一般「快上快落」，而風球定義清楚列明風勢須持續才會發出相應信號。

以 2022 年 8 月熱帶氣旋木蘭為例，天文台在事後發布的天氣隨筆《木蘭帶來的猛烈陣風及大驟雨》中提到，當熱帶氣旋較強的外圍雨帶間歇性橫掃過香港時，個別地區的風力可能會在短時間內上升。木蘭影響期間，大美督風力亦曾有一段短時間達到烈風程度。惟天文台指出，由於烈風出現的時間較為短暫，並只影響本港小部分地區，故未達八號烈風或暴風信號標準。

因此，就算外圍雨帶導致本港局部地區錄得強風或烈風，只要預計與雨帶相關的風勢不持續，天文台不一定需要考慮改發相關級別之信號。

1.4
你認識九號風球嗎？

聲明：九號風球的官方定義為「烈風或暴風的風力現正或預料會顯著加強」，惟民間氣象界對此定義一直存在不同個人解讀。本文內容僅為 MET WARN 綜合各方意見後得出的見解，並不代表官方立場。

九號風球全稱是「九號烈風或暴風風力增強信號」（Increasing Gale or Storm Signal No.9），表示「烈風或暴風的風力現正或預料會顯著加強」，於 1917 年數字熱帶氣旋警告系統設立時已存在，但當時對應「六號風球」。1931 年系統改革，六號改為九號並沿用至今。

由信號前身的六號風球設立起計算，1917 年至今此信號一共發出 54 次 [1]。不論中文或英文，九號風球全稱與八號風球非常相似，唯一不同是多了「風力增強」（increasing）這字眼。

風球系統中，八號風球表示本港會吹烈風至暴風，十號風球則對應颶風。這兩個風球已涵蓋了警示烈風、暴風和颶風的作用；相比之下，九號風球「顯著加強」的含意似乎較為模糊，民間氣象界多年來亦有為數不少的相關討論。

在此先回顧一下 1997 至 2022 年期間，為本港帶來之最高信號為九號風球的熱

---

1 數據截至 2023 年 7 月；香港天文台曾於 1939 年 11 月為一個於深秋正面襲港的熱帶氣旋兩度懸掛九號風球，該次風暴被稱為「己卯風災」，所幸本港受災並不嚴重。風暴期間天文台頻繁更改信號，由懸掛一號風球至除下所有風球不足 24 小時；而其中一次九號風球更只懸掛了 25 分鐘，便改掛當時表示八號西北烈風或暴風信號的「五號風球」，估計是當時科技較不發達所致。

帶氣旋。讀者又能否發現當中的共通點呢？

熱帶氣旋	生命週期中最高強度	最接近本港時之強度	最接近時與天文台總部的距離（公里）
1997 年維克托	颱風	強烈熱帶風暴	10（登陸香港）
1999 年瑪姬	颱風	強烈熱帶風暴	5（登陸香港）
2003 年杜鵑 [2]	強颱風	颱風	30
2008 年鸚鵡	颱風	強烈熱帶風暴	<1（登陸香港）
2009 年莫拉菲	颱風	颱風	40
2020 年海高斯	颱風	颱風	80

表 1. 1997 至 2022 年為本港帶來的最高信號為九號風球的熱帶氣旋。資料來源：香港特別行政區政府香港天文台 1997、1999、2003、2008、2009 及 2020 年之《熱帶氣旋年刊》。

從上表可見，「九號封頂」的熱帶氣旋中，至少具兩個共通點：一、該熱帶氣旋生命週期中最高強度至少達颱風級；二、風暴最接近本港時至少維持強烈熱帶風暴級強度。

香港天文台於 2012 年熱帶氣旋韋森特襲港後發布新聞稿，當中提及九號風球「是向市民警告具破壞性的風力正在增強，並為發出十號颶風信號起了預警的作用」。從韋森特的案例可見，該次九號風球是為了預警颶風或將影響本港。由於只有颱風或以上級別的熱帶氣旋可以帶來持續颶風，因此為本港帶來九號風球的熱帶氣旋都曾達颱風或以上級別。

---

2 天文台於 2009 年引入強颱風和超強颱風分級。杜鵑最高持續風速達每小時 175 公里，對應強颱風級別，亦為本表使用的分級。

民間氣象界的不同見解

香港天文台亦曾於「天文台之友」通訊《談天說地》第 39 期提到，強烈熱帶風暴正面襲港時，最高可發出的熱帶氣旋信號為九號風球。因此，民間氣象界一直有對「強烈熱帶風暴直襲會否九號」的討論。主要討論點如下：

一、該處提到的強烈熱帶風暴，是否只適用於橫過香港時強度由颱風級減弱為強烈熱帶風暴級的熱帶氣旋？
二、一個於其生命週期中從未增強為颱風級，但達強烈熱帶風暴級上限（即風力達 11 級）的熱帶氣旋正面襲港、帶來暴風，是否需要發出九號風球？

首個討論點已獲部分證實。1997 年熱帶氣旋維克托襲港時，天文台在維克托進入本港水域並確認沒有測風站錄得颶風後，便將維克托降格為強烈熱帶風暴。此時，維克托已不可能為本港帶來颶風，但香港天文台仍維持九號風球，直至中心完全掠過本港方改掛八號風球。是次九號案例中，維克托正是最高強度達颱風級或以上，但橫過香港時減弱為強烈熱帶風暴的熱帶氣旋。

至於第二個討論點，則需要一股符合所列條件的強烈熱帶風暴正面襲港才可實現。至今，仍有一些氣象迷認為未有完美案例可作驗證此說。

帕卡「強八」與海高斯「弱九」

2017 年熱帶氣旋帕卡襲港，某程度上可視為前段所提及第二個討論點的首次驗證，但是否屬完美驗證，不同氣象迷仍持不同理解。

帕卡襲港時，長洲與塔門東風力曾一度逼近颶風程度，但天文台當時決定維持八號風球。惟三年後，2020 年熱帶氣旋海高斯襲港時，長洲和塔門東錄得的最高風力雖然較低，但天文台卻在未提及可能會改發更高信號的情況下改發九號風球。

測風站	2017 年帕卡 （最高信號：八號風球）	2020 年海高斯 （最高信號：九號風球）
	熱帶氣旋警告信號生效時最高每小時平均風速 （公里每小時）	
赤鱲角	68	62
長洲	101	98
啟德	52	44
流浮山	54	34
西貢	67	48
沙田	31	23
打鼓嶺	34	24
青衣蜆殼油庫	31	30
塔門東	101	66

表 2. 2017 年熱帶氣旋帕卡與 2020 年熱帶氣旋海高斯的八站網絡及塔門東風力對比。資料來源：香港特別行政區政府香港天文台 2017 及 2020 年之《熱帶氣旋年刊》。

從上表可見，帕卡襲港期間普遍風力強於海高斯，甚至以拋離形容亦不為過。那為何前者可使本港海平面風力逼近颶風，卻只值八號風球，後者就「榮獲」九號風球呢？其實從兩者強度及當時鄰近地區風力可見端倪。

首先，根據天文台資料，帕卡於最接近本港時達巔峰強度，最高風力為每小時 110 公里，只屬強烈熱帶風暴級。海高斯靠近本港時，則進一步增強為一股颶風，最高風力達每小時 130 公里。以 MET WARN 觀察，當時強度只達強烈熱帶風暴級的帕卡不太可能帶來持續颶風，達颶風級的海高斯卻有潛在颶風威脅。

其次，雖然兩者襲港期間整體風力強弱差異明顯，但帕卡來襲時，香港在珠三角一帶風力已是最大，但仍未達颶風程度。反之，海高斯來襲時，澳門風力在約短短兩小時便由強風升至颶風程度，更一度發出十號風球。由此可見，雖然海高斯最終為香港帶來的整體風力遜於帕卡，颶風卻是近在咫尺，也許解釋了為何帕卡只配一個強八，海高斯卻值一個弱九。

九號風球案例的兩大類別

概括而言，根據 MET WARN 觀察，近年九號封頂的案例可大致分為兩大類別：

九號風球類別		熱帶氣旋
類別 A	預料颱風級下限的熱帶氣旋直趨香港，未能排除潛在颶風威脅；若實測顯示最高風力未達颶風，風暴會被降格為強烈熱帶風暴。	維克托（1997） 瑪姬（1999） 鸚鵡（2008）
類別 B	預料熱帶氣旋相當接近本港，未能抹煞中心橫過境內的可能；受風暴中心環流影響，未能排除潛在颶風威脅。	杜鵑（2003） 莫拉菲（2009） 海高斯（2020）

表 3. 九號封頂兩類案例的對比。

值得留意的是，即使一股熱帶氣旋以颱風級強度近距離掠過本港，天文台亦非必然發出九號風球。以 2016 年熱帶氣旋妮妲及 1999 年熱帶氣旋森姆為例，前者以颱風級強度於天文台總部西北偏北約 40 公里掠過；後者更登陸香港西貢，但登陸之際減弱為強烈熱帶風暴。根據 MET WARN 觀察，剛達颱風級的風暴中心附近未必每一位置均有颶風，只要颶風區對香港不構成潛在威脅，即使這

類風暴非常接近香港，仍有機會「八號封頂」。

總括而言，歸納 MET WARN 分析的九號風球個案，當中部分案例屬「唔包生仔」的颶風預警，即不一定「逢九必十」；至於掠過本港，且臨門減弱為強烈熱帶風暴的熱帶氣旋，就近年案例而言，九號風球則會繼續維持至風暴遠離。

1.5
風暴預報變數有多大？

有時打風，天文台用字相當確實，甚至提早數日作較進取的預報，令市民可早作準備；另一些時候，天文台用字卻較保守，還可能推翻自己先前寫下的「劇本」。到底風暴預報變數有多大？為甚麼天文台時而進取、時而保守？這個章節會基於 MET WARN 多年觀察，作簡單探討。

平均預報誤差

目前天文台會就熱帶氣旋發出未來五天（120 小時）的預測，預報時間愈長，誤差愈大。隨著科技進步，風暴路徑預報的誤差不斷收窄。2000 年前，天文台 24 小時路徑預報誤差仍處於接近 200 公里的水平，但 2010 年代誤差已減至 100 公里內，近年更只有 70 公里左右。

科技進步亦能使天文台可作出更長時間的預報。天文台於 2015 年針對風暴引入五天預測，誤差由一開始的 400 公里左右，減至現時少於 300 公里，與其他主流氣象機構相距不遠。

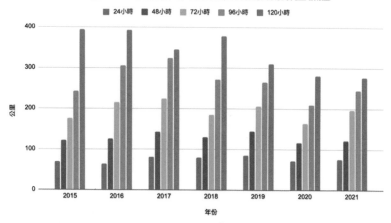

圖 1. 2015 至 2021 年香港天文台熱帶氣旋預測路徑驗證。資料來源：香港特別行政區政府香港天文台 2015 至 2021 年發表的《熱帶氣旋年刊》。

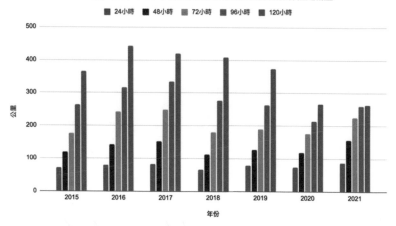

圖 2. 2015 至 2021 年日本氣象廳熱帶氣旋預測路徑驗證。資料來源：日本氣象廳。

「誤差圈」

雖然熱帶氣旋路徑預報越趨準確,但並非毫無誤差。因此,世界各地的氣象機構都會在風暴路徑預報圖中加入誤差圈,以顯示熱帶氣旋的「可能路徑範圍」。可能路徑範圍由五個分別以 24、48、72、96 和 120 小時風暴預測位置為中心的圓圈相連而成。一般來說,氣象機構會以百分之 70 作為誤差圈的標準,即在十次類似路徑預測中,熱帶氣旋中心會有約七次出現在誤差圈覆蓋範圍內。

不同機構繪製誤差圈的方法不一。天文台以過去數年的路徑預測誤差為準,每次風暴預測都會使用同一組誤差圈。日本氣象廳則參考不同電腦模式的集合預報,若集合成員分歧較大,誤差圈會因而放大,反之亦然。

熱帶氣旋預測時段	可能路徑範圍半徑
24 小時	100 公里
48 小時	170 公里
72 小時	255 公里
96 小時	345 公里
120 小時	465 公里

表 1. 天文台使用的熱帶氣旋路徑預報誤差圈大小,數據更新至 2022 年。資料來源:香港特別行政區政府香港天文台。

要注意,120 小時熱帶氣旋的可能路徑範圍半徑達 465 公里。簡單來說,假設天文台預測一個熱帶氣旋五日後會在香港登陸,從統計角度出發,風暴最終登陸位置可介乎福建至海南島之間,對香港天氣的影響可謂差天共地。因此,讀者參考不同氣象機構的路徑預報時,除了留意預測位置連起來的直線外,亦不應遺忘誤差圈。

風暴襲港的處理方式

每個風暴各有特性，不會有兩個一模一樣的風暴。因此，每次風暴襲港時，都會因應風暴特點而有不同的處理方式。

一般來說，當熱帶氣旋身處的位置有明顯引導氣流，而且大氣環流沒有太大變化，天文台便可作出較進取的預測。熱帶氣旋為香港帶來的風雨亦取決於其環流大小。若風暴環流細小，只要路徑出現細微變化，較強風力已可以與香港「失之交臂」。相反，環流廣闊的風暴即使路徑預報有少許誤差，但只要本身預測大風區域不是「擦邊」影響本港，實際出現的風雨便不會有太大落差。

以 2018 年熱帶氣旋山竹為例，天文台提早多天便預告香港會吹烈風，更在 9 月 14 日（即山竹襲港前兩日）下午的九天天氣預報指出離岸風力可達 12 級颶風。能夠做到如此進取的預報，主因是當時大氣環流變化不大，加上山竹環流十分廣闊，即使「行歪少少」仍會對香港構成威脅。

2014 年熱帶氣旋海鷗亦是預報進取的典型例子。海鷗環流廣闊，穩定採取偏西路徑，移動亦相當迅速，促使天文台在海鷗進入南海前便發出特別天氣提示作預警，更於海鷗進入本港 800 公里範圍前便發出一號戒備信號。最終海鷗為本港帶來八號風球，普遍地區吹烈風。

圖 3. 2014 年 9 月颱風海鷗的各地機構預測路徑，可見預測路徑高度一致。

不過，不是每次打風都能做到進取的預報，有時氣象機構只能見步行步、「睇餸食飯」。以 2018 年熱帶氣旋貝碧嘉為例，當時引導氣流微弱，導致風暴移動飄忽、緩慢；加上貝碧嘉環流細小，離香港的距離只要拉近一點，本港風雨已可以有很大變化。最終貝碧嘉的風球總生效時數長達近五日半，是 1946 年以來第三長。

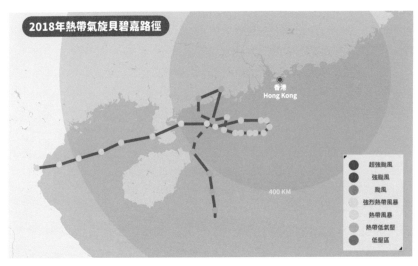

圖 4. 2018 年 8 月熱帶氣旋貝碧嘉路徑，可見風暴移動飄忽，在廣東西部近岸徘徊多日。
資料來源：香港特別行政區政府香港天文台。

從天文台的熱帶氣旋警報中，亦可略知風暴預報的變數多寡。以山竹為例，天文台在一號戒備信號仍然生效時，已明確表示會在翌日凌晨考慮改發八號烈風或暴風信號；當三號強風信號發出後，更表示會在晚上 11 時至凌晨 2 時之間改發八號烈風或暴風信號。

「山竹環流廣闊，風勢猛烈，隨著山竹進一步逼近珠江口一帶，該區午夜時分天氣會迅速轉壞，有狂風大雨，天文台會在明日凌晨考慮改發八號烈風或暴風信號。」

2018-09-15 11:45 熱帶氣旋警報：一號戒備信號生效

「山竹環流廣闊，風勢猛烈，隨著山竹進一步逼近珠江口一帶，該區午夜時分天氣會迅速轉壞，天文台會在今晚 11 時至明早 2 時之間改發八號烈風或暴風信號。」

2018-09-15 18:45 熱帶氣旋警報：三號強風信號生效

相反，根據 MET WARN 多年的經驗及觀察歸納，若果風暴預報變數較大，熱帶氣旋警報中的用字便不可能太進取，亦可能會指出導致風球上落的因素及條件。除上文提及的貝碧嘉外，2022 年熱帶氣旋木蘭是另一典型例子。木蘭雖然強度較弱，離香港亦較遠，但風暴相關的大風集中在其外圍雨帶，分佈較零散而且不平均。最終，澳門因木蘭發出八號風球，天文台則維持三號風球。

「天文台會視乎貝碧嘉的動向及本港風力變化，考慮今晚是否需要**更改**熱帶氣旋警告信號。」

2018-08-14 13:45 熱帶氣旋警報：三號強風信號生效

「三號強風信號會最少維持至今日下午 6 時。**隨後會否發出更高的信號，則要視乎木蘭的強度變化及本地風力變化**，天文台會密切留意木蘭的發展及動向。」

2022-08-09 15:48 熱帶氣旋警報：三號強風信號生效

 熱帶氣旋

氣象 Q&A：「初時」有幾初，「稍後」有幾後？

每逢打風，MET WARN 都會收到「日間即是幾點」、「稍後即是多後」等問題。這些時間用語到底有甚麼意思呢？

先說明大家最困惑的「初時」和「稍後」。其實這兩個用語並非明確指示詞，不像早上、下午般有固定不變的時段。初時和稍後分別指預報的「上半段」和「下半段」。以早上 11 點 45 分發出的當日天氣預報為例，初時指的是中午 12 時至下午 5 時 59 分，稍後則是晚上 6 時至 11 時 59 分。相反，晚上 11 時 45 分發出的天氣預報由於是針對翌日天氣，初時會變為代表午夜 0 時至早上 11 時 59 分，稍後則是中午 12 時至晚上 11 時 59 分。簡單來說，這兩個字代表的時段會隨著預報發出的時間而轉變。

至於「晚間」、「晚上」、「凌晨」、「日間」就較易從字面理解。晚間指日落後至翌日日出前，晚上指日落後至當日午夜，凌晨指午夜至日出，日間則是日出後至日落前。

天氣報告用語	意思
初時	預報期的上半段
稍後	預報期的下半段
晚間	日落後至翌日日出前，橫跨了午夜
晚上	日落後至午夜
凌晨	午夜至日出
日間	日出後至日落前

表 2. 天氣報告時間用詞解讀概覽。資料來源：香港特別行政區政府香港天文台 2013 年 11 月發表的天文台網誌《時間用語雜談》、2020 年 10 月發表的天氣隨筆《天氣預報時間軸》。

1.6
風暴誕生的故事

西北太平洋及南海不時有對流雲團出現，但並非全部都會發展為熱帶氣旋，發展速度亦有快有慢。不同風暴誕生的故事有甚麼差異呢？

雖然熱帶氣旋均起源於對流雲團，但這些風暴胚胎可大致分為兩類，分別是簡稱「季低」的季風低壓（monsoon depression）以及東風波（easterly wave）。

圖 1. 季風低壓形成示意圖。

先談季風低壓。北半球夏季正值季風活躍時期,當西南季候風與副熱帶高壓脊的東風匯聚,便會形成季風槽。季風槽內不時有低壓系統發展,季風低壓便是這些系統的統稱。西北太平洋季風環流相對活躍,季風槽內低壓發展頻繁,因此每年不少熱帶氣旋均源自季風低壓。

季風低壓初生之際,最大風力和強對流一般出現於系統外圍,強風甚至烈風的覆蓋範圍相當廣闊,中心附近的風力和對流則較弱。另外,季風低壓的對流較零散,不同對流雲團下可能存在不同旋轉中心。當季風低壓遇上合適大氣條件(例如微弱垂直風切變、良好的低層輻合和高層輻散)時,其中一個對流雲團有機會脫穎而出,使季風低壓整合出單一旋轉中心,最大風力亦會逐漸收縮至該對流雲團附近。這時,季風低壓便成長為一個典型的熱帶氣旋了。

	季風低壓	典型熱帶氣旋
風力結構	最大風力出現在外圍;覆蓋範圍廣闊	最大風力集中在中心附近;覆蓋範圍較細
對流分布	於外圍發展而且較零散	強對流集中在中心附近
環流特點	環流狹長;可能有數個旋轉中心爭奪主導權	環流渾圓;有一個清晰中心

表 1. 季風低壓和典型熱帶氣旋的對比。

季風低壓環流廣闊、結構鬆散,因此發展為熱帶氣旋的速度會較慢。需要注意的是,季風低壓發展為熱帶氣旋存在一個過渡過程,因此部分季風低壓剛成為熱帶氣旋時,外圍仍會保留風力較大、對流較活躍的特點。這些風暴影響香港時,即使距離本港較遠、強度較弱,本港風力仍會有所增強,天文台有機會需要發出熱帶氣旋警告信號,距離亦非主宰本港風力強弱的因素。

季風低壓襲港的其中一個例子是 2019 年熱帶氣旋韋帕。韋帕 7 月 31 日最接近時，距離本港仍超過 300 公里，強度亦屬較弱的熱帶風暴級別。然而，韋帕維持季風低壓環流廣闊的特性，受其東側外圍的活躍雨帶和伴隨的大風影響，天文台須於當日下午發出八號風球，當晚更一度發出紅色暴雨警告信號。

圖 2. 2019 年 7 月 31 日晚上，熱帶氣旋韋帕的風場掃描，可見大風區域廣闊但不對稱，集中在東側外圍。當時八號東北烈風或暴風信號仍然生效。圖片來源：NOAA / NESDIS / STAR。

季風低壓是否已發展成熱帶氣旋，可謂沒有標準答案。因此，當季風低壓處於過渡為熱帶氣旋的階段時，不同氣象機構對系統的分類或有不同判斷。以 2022 年熱帶氣旋木蘭為例，當時日本氣象廳和香港天文台均將木蘭升格為熱帶風暴，但美國聯合颱風預警中心認為木蘭最大風力覆蓋範圍較廣，中心附近的風力和對流較弱，且缺乏清晰、單一的環流中心，因此維持定性木蘭為季風低壓。

季風低壓普遍環流廣闊，但它們之間的環流大小仍有差異，此差異主要取決於季風強度。北半球夏季間中會出現季風爆發，這時西北太平洋有機會發展出橫跨數千公里、由西南往東北伸展的大型季風槽（monsoon gyre），最大型的季風低壓也會在大型季風槽內出現。

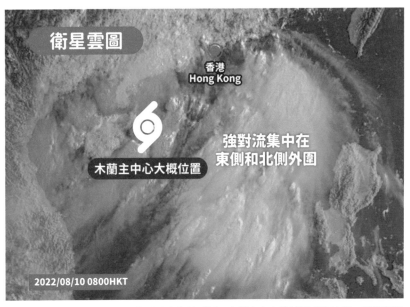

圖 3. 2022 年 8 月 10 日早上的可見光衛星雲圖。木蘭主中心位於海南島以東，但強對流集中在東側和北側外圍，季風低壓性質明顯。當時澳門發出八號東南風球，香港則發出三號強風信號。圖片來源：Digital Typhoon，由日本氣象廳的 Himawari-8 衛星拍攝。

圖 4. 2016 年 8 月 19 日早上的可見光衛星雲圖，可見西北太平洋出現大型季風槽，槽內低壓系統分別發展為熱帶氣旋獅子山、圓規和蒲公英。圖片來源：Digital Typhoon，由日本氣象廳的 Himawari-8 衛星拍攝。

除了季風低壓，熱帶洋面亦不時有不穩定天氣沿著副熱帶高壓脊南側的深厚東風移動，這些擾動便是東風波。學術界對這些擾動形成的準確動力機制仍然有分歧，但一般而言，氣流會在這些擾動的軸線東側匯聚並形成對流雲團，在西面則散開和下沉。東風波在 700 百帕（約 3000 米高空）風場最容易辨認，會呈倒 V 型態。

若東風波遇上良好大氣條件，配合穩定對流活動，便可能發展出延伸至地面的螺旋性環流，從而演變為熱帶氣旋。東風波對水氣供應要求不高，但仍需要一些西南氣流與東風配合，以促進環流閉合。東風波剛發展為熱帶氣旋時，一般會維持「北強南弱」的風力結構，貼近副熱帶高壓脊的北側風力會明顯較高。

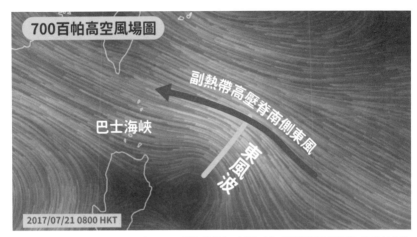

圖 5. 2017 年 7 月 21 日早上的 700 百帕風場圖，所標示的東風波隨後發展為熱帶氣旋洛克。天文台須就洛克發出八號風球，但洛克最終在香港東部登陸，影響本港的屬其南側較弱環流，因此八號風球生效期間風力異常微弱。圖片來源：earth.nullschool.net。

東風波直接發展而成的熱帶氣旋環流一般較細小，亦不像季風低壓般要經歷不同旋轉中心的廝殺，因此大氣環境的些微不同已可以導致其強度出現明顯變化。這些風暴遇上高海水溫度和良好高空條件（包括微弱垂直風切變和良好高層輻散）時，有機會迅速增強，甚至爆發性增強。但這些風暴增強快，減弱亦快，特別是登陸後缺乏水氣支援時，消散速度會明顯較季風低壓出身的熱帶氣旋快。

東風波出身的例子包括 2020 年熱帶氣旋海高斯。海高斯於 2020 年 8 月 17 日晚上在南海東北部發展為熱帶低氣壓，隨後受惠於高海水溫度和良好高空條件，短短 24 小時內爆發性加強至颱風級別。海高斯是一個西登颱風，最接近時距離本港只有 80 公里，天文台一度發出九號風球。然而，它的環流緊密，導致本港境內風力差異頗大。根據天文台 2020 年《熱帶氣旋年刊》，位於新界東北、素來對偏東風敏感的大美督未有錄得烈風；相反，位於本港西南的長洲最高 10 分鐘持續風速達每小時 108 公里，屬暴風級別。這些風暴與本港的實際距離只要有少許變化，已可以令本港不同地區所承受的風力出現明顯差異。

值得一提的是，季風低壓和東風波並非河水不犯井水的系統。2008 年艾奧瓦州

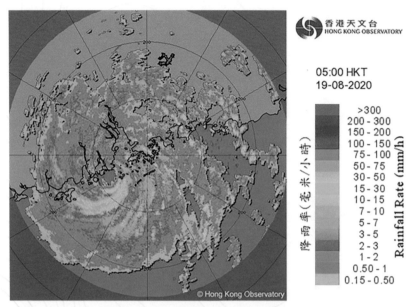

圖 6. 2020 年 8 月 19 日早上 5 時的雷達圖,當時海高斯處於其巔峰強度,最高持續風速達每小時 130 公里。澳門受海高斯眼牆吹襲錄得颶風,須懸掛十號風球。香港西南部因較接近海高斯中心而吹暴風,東北部則風力較弱,只吹強風至烈風。圖片來源:香港特別行政區政府香港天文台。

立大學和國立中央大學的共同研究顯示,雖然由東風波直接發展而成的熱帶氣旋每年只佔大概兩成,但西北太平洋亦有不少東風波會併入季風槽發展。因此,不少季風低壓的形成也許同時涉及東風波的參與。另外,一些東風波出身的熱帶氣旋,在洋面活躍期間亦可能得到季風支援,逐漸成長為環流較大的風暴。

除了這兩個主要發展模式外,一些熱帶氣旋亦有較少見的起源,其中一類是由低壓槽轉化而成的熱帶氣旋。低壓槽帶有鋒面性質,與熱帶氣旋這類螺旋性低壓有些差異。然而,當大氣條件配合,特別是垂直風切變減弱、低層輻合加強時,低壓槽兩側的氣流亦有可能搓出一個熱帶氣旋。這類風暴較常於梅雨季節出現。五至六月西南季候風開始活躍,但東北季候風未完全消退,加上副熱帶高壓脊未北跳控制華南沿岸,因此兩股氣流不時在南海匯聚形成梅雨槽,並有機會誘發氣旋生成。

梅雨槽出身的其中一個例子是 2012 年熱帶氣旋泰利。泰利於海南島以東發展
為熱帶氣旋,隨後採取東北路徑移動並逐漸加強。泰利於本港以南掠過期間,
天文台須發出三號風球,但由於本港位於泰利的安全半圓,並吹受地形屏蔽的
偏北風,加上其強對流集中在中心以南,因此三號風球生效期間風雨普遍較弱。

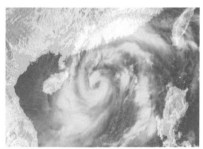

圖 7.(左)2013 年 8 月 10 日早上;(右)8 月 13 日下午熱帶氣旋尤特的可見光衛
星雲圖。尤特源自東風波,位處菲律賓以東時環流較細,亦出現爆發性增強,進入南海
後則因得到季風支援而環流擴大。尤特襲港期間天文台須發出八號風球。圖片來源:
Digital Typhoon,由日本氣象廳的 MTSAT-2 衛星拍攝。

圖 8. 2012 年 6 月 19 日早上的可見光衛星雲圖,當時泰利正在香港以南掠過,三號風球
仍然生效。圖片來源:Digital Typhoon,由日本氣象廳的 MTSAT-2 衛星拍攝。

1.7
颱風眼牆是甚麼？
風暴居然還能多核驅動？

每逢打風，社交媒體都可能有人翻炒「我 uncle 剛從飛機拍到風眼」潮文。颱風風眼是甚麼？除了風眼，颱風結構還有甚麼特徵？

一個成熟熱帶氣旋的水平結構可分為數個區域。位於風暴中心的是風眼（eye），在衛星雲圖上，最高級別風暴的風眼通常呈渾圓狀，而且清晰可見。有些風眼則是橢圓形、多邊形或不規則形狀，眼內亦可能被一點低雲覆蓋。風眼大小不一，一般為數十公里，但最細可達十公里以下，稱為「針眼」，最大則可超過200 公里。

風眼內盛行下沉氣流，亦是一個熱帶氣旋氣壓最低之處。風眼經過一個地方時，該處風勢和雨勢都會明顯減弱，有時甚至能見到藍天白雲或月光。風眼同時是熱帶氣旋暖心最強烈的地方，風眼內的地面氣溫可以較外圍高數度左右。

圍繞風眼附近的數十公里範圍則為眼壁（eyewall）。與風眼不一樣，眼壁盛行上升氣流，是整個熱帶氣旋風力最強的地方，並伴隨較強的降水。由於眼壁環繞風眼四周，當熱帶氣旋正面吹襲香港時，天文台會提醒市民風眼經過期間不應鬆懈防風措施。這是因為風眼經過後，位於風眼後側（backside）的眼壁便會來襲，風力急速回升，風向亦有所改變，先前受屏蔽的地方可能突然變得當風。

有時熱帶氣旋已發展出眼壁，但由於暖心不夠強烈，未能「清空」出衛星雲圖可見的風眼。這個情況在強烈熱帶風暴或颱風級的風暴較常見。因此，氣象機構會使用可窺探大氣中低空的雷達或微波圖像（microwave imagery），一方面可找出風暴中心，另一方面亦可觀察強對流下是否已有眼壁「蠢蠢欲動」。

圖 1. 2016 年熱帶氣旋莫蘭蒂的可見光衛星雲圖。圖片來源：Digital Typhoon，由日本氣象廳的 Himawari-8 衛星拍攝。

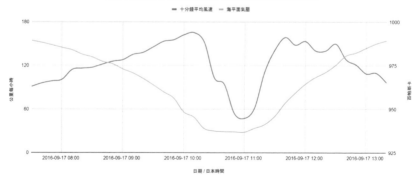

圖 2. 2016 年熱帶氣旋馬勒卡通過日本與那國島期間風速（紅線）和氣壓（藍線）變化，可見氣壓最低之際風力下降至強風程度，代表風眼經過，隨後風力急速回升至颶風水平，代表風眼後側的眼壁來襲。資料來源：日本氣象廳。

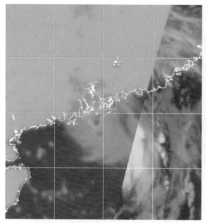

圖 3. 2020 年熱帶氣旋海高斯接近本港時的（左）微波圖像和（右）紅外線衛星雲圖。
微波圖像可見海高斯眼壁已成形，紅外線衛星雲圖則未觀察到風眼。天文台評估當時海
高斯強度達颱風級，最高持續風速為每小時 130 公里。圖片來源：NRL，紅外線衛星雲
圖由日本氣象廳的 Himawari-8 衛星拍攝。

眼壁外圍還有覆蓋範圍一般達 100 至 250 公里的強對流區，稱為中心密集雲團
區（central dense overcast，簡稱 CDO）。熱帶氣旋外圍則是一條條狹長的螺旋
雨帶（spiral rainband）。在北半球，雨帶就像螺旋般以逆時針圍著中心旋轉，
經過一個地方時可以帶來短時大雨和強陣風。

上述結構適用於成熟熱帶氣旋，但較弱的熱帶風暴、強烈熱帶風暴通常難以發
展出如此對稱的結構。較弱風暴的一種常見情況是受強烈垂直風切變影響，強
對流側重於其中一邊。透過觀察衛星雲圖上的低雲線，我們可以看到一個「裸
露」出來的旋轉環流中心。這些風暴的降水集中在強對流下，但缺乏強對流的
一側仍可吹起較強的「乾風」。

有些時候，強對流會誘發新的渦旋，原先中心有機會向強對流一方調整，甚至
被新渦旋取代。這些較弱風暴的「中心重置」（downshear reformation）涉及
複雜的物理機制，難以準確預測會在甚麼時候出現。另外一方面，單靠衛星雲
圖，我們未必看到強對流下是否有新渦旋發展，氣象機構連中心重置是否正在

圖 4. 2022 年熱帶氣旋馬鞍位於菲律賓以東時的可見光衛星雲圖。圖片來源：Digital Typhoon，由日本氣象廳的 Himawari-8 衛星拍攝。

發生也可以摸不著頭腦。遇上這些風暴，中心定位和隨後的路徑預測均可以有不少麻煩。

另一種情況常見於季風低壓發展而成的熱帶氣旋。這些系統通常有幾坨零散的對流雲團，每個雲團下都可能有一個小渦旋，並嘗試爭奪主導權。這些渦旋強度相若時，會循著彼此之間的幾何中心（centroid）旋轉。它們尺度較細，風場掃描上一般不能顯示數個旋轉中心，而是呈現一個狹長（elongated）環流。隨著其中一個渦旋殺出重圍，其他渦旋會逐漸消散，風暴環流亦會變得渾圓。

同樣地，這些渦旋大戰涉及複雜的物理機制，氣象機構現有工具亦難以捕捉到每一個渦旋，或判斷不同渦旋的強度。有些時候，同一對流雲團下甚至可以有數個渦旋此消彼長。因此，這些「多核」風暴的中心定位帶有頗大不確定性，路徑預測變數亦更大。

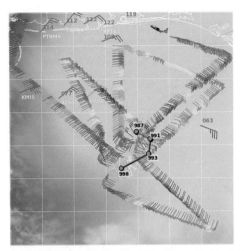

圖 5. 2020 年北大西洋熱帶氣旋 Sally 於當地時間 9 月 14 日下午的飛機實測疊加紅外線衛星雲圖。紅外線衛星雲圖可見 Sally 對流集中在東北側，同期飛機實測顯示中心向東北方（即強對流所在位置）調整，中心移動出現波動，氣壓亦有所下降。圖片來源：Tropical Tidbits。

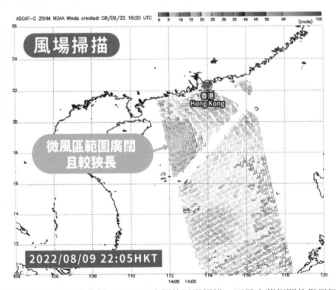

圖 6. 2022 年熱帶氣旋木蘭於 8 月 9 日晚間的風場掃描，可見木蘭相關的微風區廣闊而狹長。圖片來源：NOAA / NESDIS / STAR。

1.8
頭搖又尾擺？
淺談垂直風切變

夏季南海熱力條件充沛，但並非所有熱帶氣旋都能順利增強。主宰風暴命運的其中一個因素便是俗稱「風切」的垂直風切變（vertical wind shear）。

大氣不同高度吹著不同方向和強度的風，而垂直風切變考慮的是不同高度之間風向和風速的差異。舉個例子，假如地面吹每小時 50 公里的東風，但高層吹每小時 100 公里的西風，由於風向相反、風速差異大，垂直風切變會較強烈。相反，假如地面吹每小時 50 公里的東風，高層吹每小時 70 公里的東風，此時風速、風向差異小，垂直風切變就比較微弱。

對熱帶氣旋而言，微弱垂直風切變是維持垂直結構的關鍵，有助熱帶氣旋在不同大氣高度保持平衡。用一個簡單比喻，熱帶氣旋的高層為頭部，中層為身體，低層為腳。當垂直風切變強勁時，風暴身體不同部分會被「切」到「企唔直」，此時風暴又怎麼可能快速增強呢？

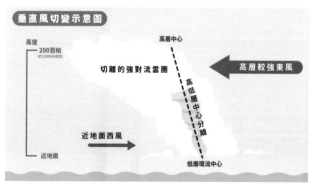

圖 1. 強烈垂直風切變的示意圖。

美國威斯康辛大學麥迪遜分校的氣象衛星合作研究所（UW-CIMSS）提供一個免費途徑，透過不同顏色標記，令大家可簡單分析垂直風切變的強度[1]。

不同層面風速差異（公里每小時）	對應顏色	對應垂直風切變強度
0 - 16	藍色	微弱
16 - 40	深綠色	中等
>40	淺綠色、黃橙色、紅白色	強烈

表 1. UW-CIMSS 垂直風切變分析所使用的顏色標記。

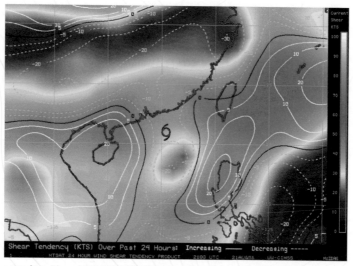

圖 2. 2008 年 8 月 22 日的垂直風切變分析。當時熱帶氣旋鸚鵡於南海活躍，但它處於黃橙色區域，對應強烈垂直風切變。最終鸚鵡於登陸香港前持續減弱。圖片來源：UW-CIMSS。

---

1 UW-CIMSS 網站的垂直風切變強度分析頁面，可掃描此 QR code：

值得留意的是，UW-CIMSS 的垂直風切變分析只反映現時情況，但不同層面的風向和風速可隨著天氣系統的轉變而出現變化。因此，如果想更準確分析垂直風切變，我們有必要判斷影響垂直風切變的因素。

南海夏季而言，影響垂直風切變的主要天氣系統為南亞高壓。南亞高壓是位處 200 百帕高度（約 12000 米高空）的反氣旋，可大致分為東部型和西部型兩種型態。南亞高壓處於東部型時，會盤踞華南內陸至華中一帶，南海北部及華南沿岸高空吹強烈東北風。然而，南海夏季低空盛行東南風或西南風，高低空差異便造成較強的垂直風切變。

相反，南亞高壓處於西部型時，其勢力範圍位於中亞附近，其外圍強烈東北風主要影響印度一帶，南海北部及華南沿岸高空風力則較微弱，垂直風切變亦相對下降。其他高空天氣系統的位置配合的話，熱帶氣旋甚至能以較快速度增強。

2008 年熱帶氣旋鸚鵡是受強烈垂直風切變影響的一個例子。鸚鵡進入南海後因南亞高壓處於東部型而不斷減弱，登陸香港前更被天文台由原先的颱風級降格為強烈熱帶風暴。雖然天文台於鸚鵡登陸前發出九號風球，但由於鸚鵡登陸一刻中心已沒有颶風，因此不用發出最高級別的十號風球。

鸚鵡襲港時的結構亦值得一看。受高空東北風影響，鸚鵡的強對流和對應的大雨被吹離至其西南側，東北側則缺乏雨帶發展，可說是一個「光頭」風暴。因此，九號風球生效期間，本港雖然普遍吹烈風至暴風，但以吹「乾風」為主，較大的雨勢在鸚鵡移至香港以北後才開始出現。

與鸚鵡相反的例子是 2012 年熱帶氣旋韋森特。韋森特活躍時南亞高壓處於西部型，南海北部垂直風切變較弱。受惠於其他良好高空條件，韋森特登陸廣東前急劇增強為強颱風，颶風影響本港西南部，天文台須發出十號風球。與鸚鵡不同的是，韋森特的雨帶分布呈明顯螺旋型態，而非偏向一側。因此，本港風力達巔峰之際，雨勢亦相當明顯。當時黃色暴雨警告信號及十號風球一度同時生效。

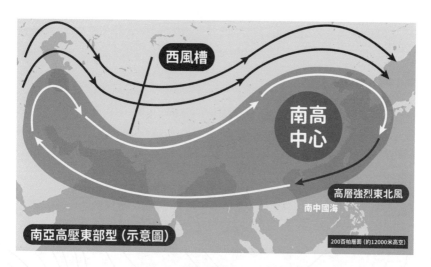

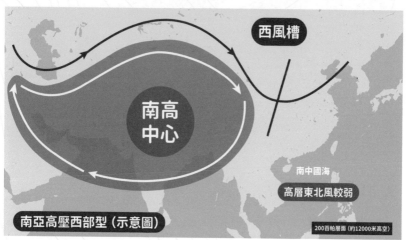

圖 3. 南亞高壓東部型示意圖（上）；南亞高壓西部型示意圖（下）。

由於南亞高壓一般半個月轉換一次型態，熱帶氣旋生命週期則以一個星期左右為主，因此對於襲港熱帶氣旋而言，預測垂直風切變不算特別困難的任務。然而，如果強烈垂直風切變的幕後黑手是其他變化較大的高空天氣系統，垂直風切變的預測變化便可能出現較大誤差，骨牌效應下熱帶氣旋的強度預報亦會出錯。

另一方面，由於熱帶洋面缺乏直接觀察的高空數據，垂直風切變的分析本身亦可有偏差。假如風暴環流細小，便有機會能鑽進垂直風切變較弱的喘息空間，甚至出現意料之外的加強。

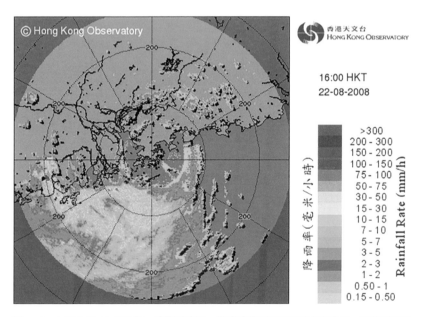

圖 4. 2008 年 8 月 22 日下午 4 時的雷達圖，當時鸚鵡即將在香港東部登陸，其強對流集中在中心南側，本港未受雨帶覆蓋。圖片來源：香港特別行政區政府香港天文台。

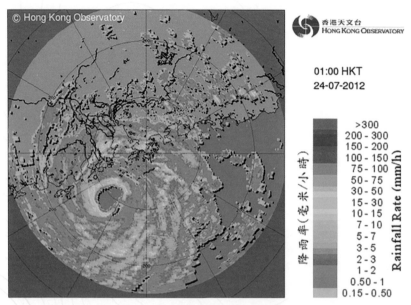

圖5. 2012年7月24日凌晨1時的雷達圖，當時韋森特最接近香港，天文台須發出十號風球。受其東北側強雨帶影響，本港風雨交加，普遍吹烈風至暴風，西南部吹颶風。圖片來源：香港特別行政區政府香港天文台。

1.9
風暴如何自肥和消化？
為何增強有快有慢？

我們在上一個章節探討了垂直風切變，當中曾提及「良好的高空條件」。那到底甚麼情況才算是良好高空條件呢？這個章節會揭曉答案。

讓我們先深入剖析熱帶氣旋的垂直結構。在 850 百帕（約 1500 米高空）至 925 百帕（約 1000 米高空）高度，熱帶氣旋內部的不同暖濕氣流會呈輻合型態，螺旋性地流入風暴中心並匯聚抬升。氣流上升至約 200 百帕（即 12000 米高空）高度時，會開始呈輻散型態，向外流出擴展並往下沉。在高空風場上，一個成熟的熱帶氣旋會呈現反氣旋性的流出型態。

我們可把低層輻合視為捲起熱帶氣旋的養料，高層輻散則是它們的排泄系統。假如一個熱帶氣旋缺乏足夠養料，自然無法茁壯成長。然而，若熱帶氣旋低空流入過多養料，卻沒有暢通無阻的高空流出渠道，亦會消化不良甚至「便秘」，導致增強速度受限。

高空天氣系統除了影響垂直風切變，亦主宰風暴的輻散條件。以南亞高壓為例，當它處於東部型時，南海北部高空大範圍吹東北風，與熱帶氣旋高空的反氣旋性型態相沖，因此會同時封鎖南海熱帶氣旋北側的高空流出。

相反，當高空天氣系統位置配合時，就能發揮恍如抽風機的作用，加強熱帶氣旋流出。這類情況涉及的其中一種天氣系統是西風槽。熱帶氣旋靠近西風槽時，有機會駁上槽前的強烈西南風，令高空流出大幅改善，觸發「槽前爆發」的現象。然而，強烈西南風是一把雙面刃，同時帶來強烈垂直風切變。當熱帶氣旋

進一步併入西風槽，繼續加強的垂直風切變便會壓倒良好的高層輻散，令熱帶氣旋開始減弱。

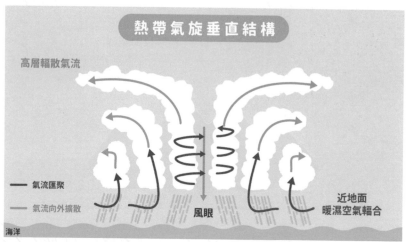

圖 1. 熱帶氣旋垂直結構橫切面圖。

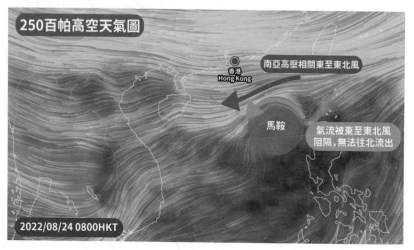

圖 2. 2022 年 8 月 24 日早上的高空風分析。當時熱帶氣旋馬鞍活躍於南海北部，但南亞高壓正處東部型，導致馬鞍北側的高空流出渠道受阻。圖片來源：earth.nullschool.net。

圖 3. 2013 年 11 月 2 日凌晨的高空風分析，當時熱帶氣旋羅莎活躍於南海北部。雖然南海北部海水已開始轉涼，但由於羅莎接駁上槽前的強烈西南風，因此仍能顯著增強至強颱風級別。圖片來源：UW-CIMSS。

另一個影響輻散條件的天氣系統是高空冷渦。它們的大細一般為數百公里，在 200 百帕高度最為明顯。與熱帶氣旋不同的是，高空冷渦在高空風場呈氣旋性型態。它們中心附近空氣較周遭冷，盛行乾燥的下沉氣流，外圍的天氣則較不穩定。

高空冷渦能否令熱帶氣旋流出有所改善，視乎它們與熱帶氣旋的相對方位和距離。高空冷渦位於熱帶氣旋的北側時，熱帶氣旋同樣有機會接駁上西南風，高層輻散可稍有改善。然而，假如熱帶氣旋太靠近高空冷渦，一方面會與在高空風場呈氣旋性型態的冷渦「撞機」，另一方面亦會捲入冷渦中心附近的乾空氣，演變為與冷渦廝殺的局面。

綜上所述，這兩個高空天氣系統能否成為「神隊友」，取決於它們與熱帶氣旋能否完全「對位」。只要熱帶氣旋路徑或這些高空天氣系統的位置有細微變化，

不同條件之間的平衡就會被打破。偏偏這兩個高空天氣系統的變化較大，難以絲毫不差地捕捉，因此為熱帶氣旋的強度預報增添了不少難度。

圖 4. 熱帶氣旋與高空冷渦互動示意圖。

2017 年熱帶氣旋天鴿的個案反映了低層輻合和高層輻散何其重要。該年盛夏西南季候風整體偏弱，菲律賓以東洋面缺乏季風槽發展。即使當時該區和南海海溫偏高，但由於缺乏西南季風與副熱帶高壓脊南側東風配合提供養料，熱帶氣旋仍然難以生成，天鴿生成前半個月甚至沒有風暴於該區活躍。

天鴿進入南海後，用了約一天時間便由強烈熱帶風暴增強為超強颱風，短短 27 小時最高持續風速增加了每小時 95 公里，當中近一半的風速上升出現於登陸前 10 小時內，屬近岸爆發性增強的個案。除了南海北部海溫較高和垂直風切變微弱等因素外，天鴿靠近珠江口時，其東北側開始有一個較弱的高空冷渦發展。這個高空冷渦改善了天鴿的高層輻散，是推動天鴿近岸爆發的另一重要引擎。

圖 5. 2017 年 8 月 23 日清晨的高空風分析，當時熱帶氣旋天鴿靠近珠江口，隨後數小時天鴿急劇增強為超強颱風，香港和澳門均須發出十號風球。圖片來源：UW-CIMSS。

氣象 Q&A：熱塔（hot tower）

天鴿另一個顯著增強的特徵是中心附近出現的「熱塔」。熱塔指的是在熱帶氣旋中心附近發展的劇烈對流活動，它們伴隨著強勁、可直達對流層頂部（約 15000 米高空）的上升氣流。這些熱塔就像氣泵一樣，可推動熱帶氣旋中心附近的氣流捲動，而它們的出現一般是熱帶氣旋急劇增強的先兆。

必須強調的是，不是所有雷暴都伴隨著延伸至對流層頂部的上升氣流，有關熱塔的研究亦顯示單純閃電與熱帶氣旋加強沒有明顯關係。因此，就算在雷達圖看到熱帶氣旋中心附近出現閃電，也不代表那些對流活動就是熱塔，我們必須配合其他資料（例如衛星雲圖）觀察對流強度才可作判斷。

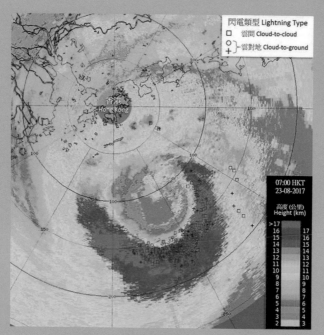

圖 6. 2017 年 8 月 23 日早上 7 時疊加閃電位置的雷達圖，可見天鴿東側和南側出現頻密的強烈雷暴，雲頂高度超過 16000 米，符合熱塔定義。圖片來源：香港特別行政區政府香港天文台 2017 年《熱帶氣旋年刊》。

1.10

颱風還會「換眼」？
淺談眼壁置換

如先前章節所言，成熟熱帶氣旋最終風力集中在風眼附近的眼壁。然而，外圍雨帶有時會喧賓奪主，繞成一圈並形成新眼壁，這便是「眼壁置換」（eyewall replacement）。

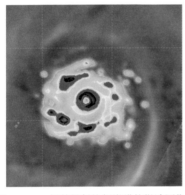

圖 1. 2022 年熱帶氣旋軒嵐諾的微波圖像，紅色和黑色代表對流較強，綠色和黃色則較弱。圖中可見軒嵐諾（左）近巔峰時最強對流集中在中心附近，但外圍開始有零散強雨帶發展；（右）巔峰後外圍雨帶已加強並繞成外眼壁，原先眼壁則有所減弱。圖片來源：NRL。

颱風進行眼壁置換期間，內外眼壁會「爭飯食」，此時風暴能量變得分散，內眼壁風力逐漸下降，外眼壁風力則加強，兩個眼壁之間的風力相對較弱。由於最大風力在同一側眼牆的兩個位置出現，學術上稱這個情況為「雙峰風力分布」（double wind maxima）。眼壁置換順利的話，外眼壁會往中心收縮，內眼壁則會瓦解並被外眼壁取代。眼壁置換完成後，熱帶氣旋遇上有利大氣條件可以再度加強，強度甚至有機會「更勝一籌」。

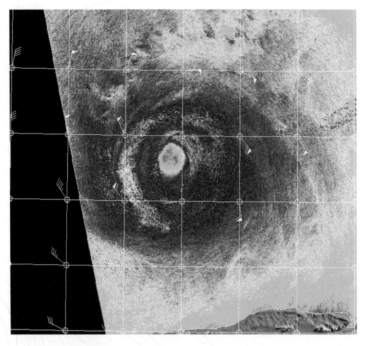

圖 2. 2022 年北大西洋颶風 Ian 眼壁置換期間的風力解析，紫色和白色代表風力較強，橙色和紅色則較弱，藍色區域為風眼。圖中可見風暴呈雙峰風力分布。圖片來源：NOAA / NESDIS / STAR。

眼壁置換是熱帶氣旋的內部結構變化，成功與否可謂講求天時地利。假如大氣條件不理想，內外眼壁的結構均可能受影響，甚至出現「攪炒」的情況。常見限制風暴發展的因素（包括強垂直風切變、較低海溫）都會干擾眼壁置換。以乾空氣為例，當它們入侵颱風內部，外眼壁對流強度便可能減弱，無法順利取代內眼壁，有時甚至會出現內外眼壁僵持的局面。

對成熟熱帶氣旋而言，眼壁置換絕非「稀客」。過往一些較強的襲港風暴亦曾呈現雙重眼壁結構，包括帶來十號風球的 1979 年熱帶氣旋荷貝和「九號封頂」的 2003 年熱帶氣旋杜鵑。然而，近年襲港風暴中較極端的例子，非 2018 年熱帶氣旋山竹莫屬。

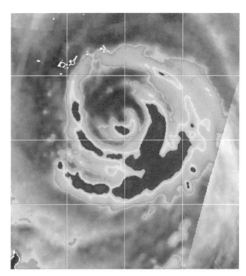

圖 3. 2013 年熱帶氣旋蘇力接近日本琉球群島時的微波圖像，當時蘇力受乾空氣影響，內外眼壁對流均有所減弱，則無法環繞中心一周，眼壁置換無法順利進行。圖片來源：NRL。

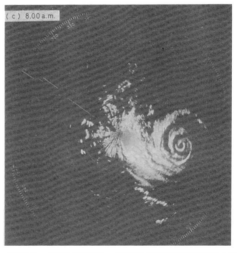

圖 4. 1979 年 8 月 2 日早上 8 時的雷達圖，當時熱帶氣旋荷貝靠近本港，並呈現雙重眼壁結構。荷貝隨後橫過香港，天文台須懸掛十號風球。圖片來源：香港特別行政區政府香港天文台 1979 年《熱帶氣旋年刊》。

山竹登陸呂宋前，外圍雨帶有加強並繞成一圈的趨勢，屬眼壁置換的先兆。然而，山竹未正式開始眼壁置換便登陸呂宋[1]，直接與呂宋高山「搏鬥」的原先眼壁遭破壞，外圍雨帶卻保持一定強度。山竹進入南海後，一直維持這種外圍較強、核心附近較弱，類似雙峰風力分布的結構。因此，山竹靠近廣東沿岸時，距離風暴較遠的香港受強烈外圍雨帶影響，風力更強，受風暴中心附近「內眼壁」影響的澳門和珠海風力卻較弱。

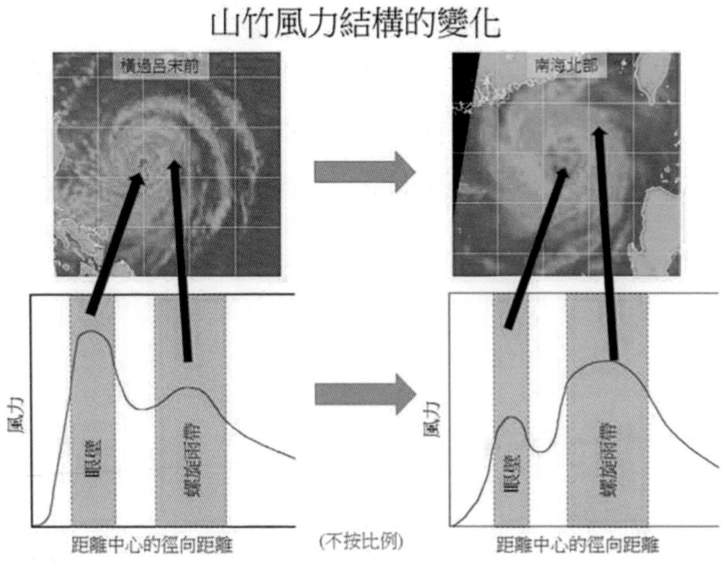

圖 5. 熱帶氣旋山竹登陸呂宋前和進入南海後的微波圖像和風力分布變化示意圖。圖片來源：香港特別行政區政府香港天文台 2018 年《熱帶氣旋年刊》。

1 關於熱帶氣旋登陸呂宋後的強度變化，可參考〈為何風暴遇上呂宋會轉彎？〉的章節。

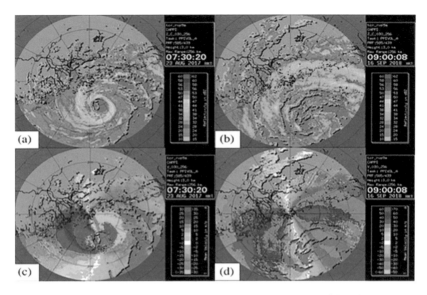

圖 6. 2017 年熱帶氣旋天鴿（左）及 2018 年熱帶氣旋山竹（右）的雷達回波（上）及多普勒雷達風速圖（下）。天鴿最大風力集中在中心附近，山竹最大風力則集中在離中心較遠的外圍雨帶。圖片來源：香港特別行政區政府香港天文台，於 Royal Meteorological Society《Weather》期刊 2022 年 9 月號發表。

將山竹與 2017 年熱帶氣旋天鴿作對比。雖然天鴿最接近香港時距離只有 60 公里，較山竹的 100 公里近，但天鴿登陸前正爆發性加強，最強對流和風力集中風眼附近的單一眼壁。天鴿吹襲珠三角期間，香港南部雖然亦吹颶風，但整體風力未如更接近風暴中心、受眼壁直接影響的澳門和珠海強勁。

總括而言，眼壁置換可導致熱帶氣旋出現非典型風力分布。即使兩股風暴強度一致，亦不代表它們結構相似，為香港帶來的風雨影響可大相徑庭。若香港再受較成熟的熱帶氣旋吹襲，讀者除了留意天文台的強度評估外，亦可金睛火眼觀察雷達圖和微波圖像，注意風暴有否出現雙重眼壁甚至正在「換眼」。

1.11
颱風何去何從？
點解有時急轉彎？

有些熱帶氣旋採取恍如一把直尺的路徑，有些卻「打幾個白鴿轉」，甚至有些會停留不動。到底背後是甚麼因素主宰不同風暴的走向呢？

熱帶氣旋屬天氣尺度（synoptic scale）的系統，在大氣「食物鏈」中會受一些範圍較大、更持久的行星尺度（planetary scale）系統所引導。預測熱帶氣旋的路徑時，我們主要關注兩個行星尺度系統的動態，分別為俗稱「副高」的副熱帶高壓脊，以及西風帶。

圖 1. 副熱帶高壓脊引導示意圖。

先談副高。它是一個接近常年存在的高空反氣旋，其勢力範圍內盛行暖空氣和下沉氣流，因此受其控制的地區天氣會較炎熱和穩定。副高外圍的氣流會循順時針圍繞其中心旋轉，一般熱帶氣旋正是受這些氣流引導，沿著副高邊緣移動。

氣象 Q&A：位勢高度（geopotential height）

位勢高度是氣象學的假想高度，單位為位勢米（gpm）。地球引力在不同緯度和高度有輕微變化，位勢高度正是針對這個差異作修正。位勢高度和海拔的差異一般不大，但當一個地方的引力低於地球平均海平面的引力時，一米對應的高度會稍微低於一個位勢米對應的高度，反之亦然。

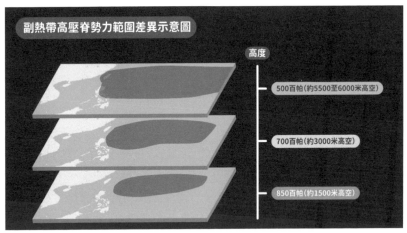

圖 2. 副熱帶高壓脊於不同高度的勢力範圍差異示意圖。

氣象機構剖析副高配置時，主要參考 500 百帕（約 5500 至 6000 米高空）大氣形勢。預報員可透過風場得知氣流移動方向，大致標示出反氣旋式環流。除此之外，位勢高度是另一重要指標。一般而言，當一個地方的 500 百帕位勢高度達 5880 位勢米，即離地面約 5880 米高空的氣壓正好為 500 百帕時，該處便位於副高勢力範圍內。只要找出 5880 位勢米和較低位勢米的「楚河漢界」，

預報員便可繪製出「5880 線」，從而判斷副高邊緣的位置。

值得留意的是，不同熱帶氣旋的強度和環流大小不一，就如人有高有矮一樣。以較弱的熱帶氣旋為例，它們是較矮小的風暴，會受大氣中低層、低於 500 百帕的氣流引導。同時，副高的強度和盤踞地段在不同高度可能存在一定差異。因此，雖然 500 百帕是副高分析的重要指標，但不是唯一指標。氣象機構如果想更準確分析和預測熱帶氣旋路徑，有時還須使用其他高度，如 700 百帕（約 3000 米高空）和 850 百帕（約 1500 米高空）的天氣圖。

大多數影響香港的熱帶氣旋均受副高引導，但實際路徑須視乎副高形狀和勢力範圍，以及熱帶氣旋相對副高的位置。舉個例子，位於副高正南側的熱帶氣旋主要會受東至東南風引導，向西或西北偏西方向移動。另一方面，如果熱帶氣旋位於副高西南側，引導氣流便以東南風至偏南風為主，風暴亦會採取較偏北的路徑移動。

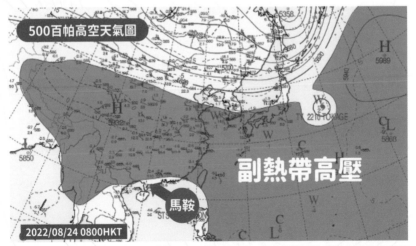

圖 3. 2022 年 8 月 24 日早上 8 時的 500 百帕天氣圖，當時熱帶氣旋馬鞍受副熱帶高壓脊南側的氣流引導，往西至西北偏西方向移動，翌日登陸廣東電白一帶。馬鞍影響本港期間，天文台一度須發出八號風球。圖片來源：韓國氣象廳。

圖 4. 2013 年 8 月 13 日早上 8 時的 500 百帕天氣圖，當時熱帶氣旋尤特位於副熱帶高壓脊的西南側，採取西北至西北偏北路徑移動，翌日登陸陽江一帶。尤特影響本港期間，天文台一度須發出八號風球。圖片來源：韓國氣象廳。

上圖例子可見，副高形狀和勢力範圍在一年之間不斷有變化。當副高加強時，其魔掌可延伸至較西的區域，我們稱為副高「西伸」。相反，當副高受打擊時，就有機會往東退守，我們形容為副高「東退」。當然，副高的東西鐘擺有一定變數，電腦模式難以完全拿捏，這也是熱帶氣旋路徑預報存在誤差的一個主因。

從氣候角度出發，副高於初夏至盛夏會出現三次相當明顯、學術上稱為「北跳」的變化。第一次北跳一般出現在 6 月中旬，副高南側邊緣北抬至約北緯 25 度，開始穩定掌控華南沿岸。第二次北跳通常發生在 7 月中上旬，副高南側邊緣觸及北緯 30 度，即華中一帶。7 月下旬則為第三次北跳，副高南側邊緣抵達華北一帶的北緯 35 度，亦是全年最北端。隨著北半球踏入晚夏，副高亦會重新南移，10 月左右南側邊緣返回北緯 20 度以南地區，為一年之間南北移動的旅程畫上句號。

圖 5. 副熱帶高壓脊南側脊線北跳過程示意圖。

圖 6. 2018 年 7 月 28 日晚上 8 時的 500 百帕天氣圖,當時熱帶氣旋雲雀位於副熱帶高壓脊的南側,罕有地於日本附近採取偏西路徑移動,最終先後橫過本州及九州一帶。圖片來源:韓國氣象廳。

盛夏之際，副高有時可北抬至更高緯度。近年一個例子是 2018 年。由於日本緯度較高，熱帶氣旋移近時一般已位於副高西側或西北側，會採取北或東北路徑移動。然而，當年盛夏副高北抬至北緯 40 度附近，於 7 月下旬活躍的熱帶氣旋雲雀因而受副高南側的氣流引導，並締造出罕見路徑，由東至西橫過日本。

2018 年盛夏「山高皇帝遠」的副高，亦令 8 月中旬南海出現一個行蹤不定的熱帶氣旋——貝碧嘉。當時副高仍處於較北和偏東的位置，其勢力範圍未能延伸至南海，導致貝碧嘉只受大氣中低層較微弱的氣流引導，行走速度緩慢之餘更歷經數次轉彎。隨著副高在 8 月 15 日前後重新西伸，貝碧嘉才有所加速，轉為採取穩定向西的路徑。

圖 7. 2018 年 8 月 13 日早上 8 時的 500 百帕天氣圖，當時熱帶氣旋貝碧嘉離副熱帶高壓脊主體較遠，導致風暴移動飄忽緩慢。貝碧嘉影響本港期間，天文台一度須發出三號風球，熱帶氣旋警告信號生效時間更長達五天半。圖片來源：韓國氣象廳。

剛才提及副高時而增強西伸，時而減弱東退，這些變化的其中一個主要推手便是西風帶。西風帶同屬高空天氣系統，活躍於北緯 30 至 60 度的中緯度地區，勢力範圍較副高北。然而，西風帶和副高一樣是行星尺度天氣系統，兩者自然少不免互相角力、搶佔地盤。

概括而言，每當西風槽（即高空氣流向左拐的位置）往南伸展的時候，副高受其打擊會有所減弱，勢力範圍縮小，甚至分裂為東西兩環。相反，當西風帶較平直，槽底北收，副高便可重新霸佔地盤。有些碰上西風脊（即高空氣流向右拐的位置）與副高疊加，副高更可以顯著西伸北抬。

北半球踏入秋季後，西風帶活躍範圍整體會往南擴張，波動亦變得更明顯。因此，西風槽與副高的交戰會越趨頻繁和激烈，副高的變化亦來得更大、更急，令電腦模式更難準確捕捉，這正是氣象界常說「秋颱難測」的一個原因。

深秋風暴的其中一個例子是 2010 年熱帶氣旋鮎魚。天文台一度預測鮎魚會正面吹襲香港，但最終西風槽南探較預期深，副高減弱東退更明顯；鮎魚轉受副高正西側的偏南風引導後，採取北至東北偏北的路徑，而非如原先預測般往西北偏北方向移動。

另一個深秋風暴的例子是 2013 年熱帶氣旋羅莎。羅莎進入南海後，副高受西風槽打擊分裂為東西兩環。由於兩環強度大致相若，羅莎陷入兩者角力、學術上稱為「鞍型場」的區域，移動速度明顯減慢，更一度於南海北部停留不動。隨著羅莎受東北季候風影響減弱，羅莎最終受中低層偏北氣流和西環副高的共同引導下，轉為向西南移動。

值得留意的是，秋颱難測的前提是西風帶波動明顯、槽底往南伸展。然而，即使是深秋，副高和西風槽也有休戰期，因此不能每見秋颱就說必然難測。其中一個例子是 2021 年熱帶氣旋圓規，當時西風帶勢力範圍較北，副高相當穩定，因此圓規仍能採取直尺般的路徑，穩定往西移動並登陸海南島，而電腦模式預測的誤差亦不大。

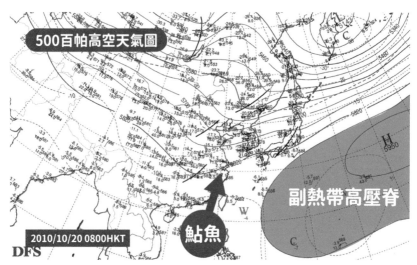

圖 8. 2010 年 10 月 20 日早上 8 時的 500 百帕天氣圖，當時熱帶氣旋鮎魚位於副熱帶高壓脊的西側，採取北至東北路徑移動，最終登陸福建一帶。鮎魚影響本港期間，天文台一度須發出三號風球。圖片來源：韓國氣象廳。

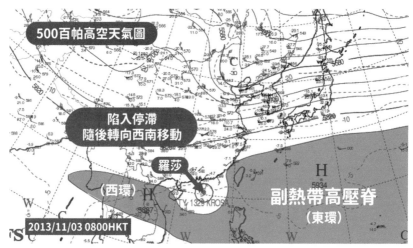

圖 9. 2013 年 11 月 3 日早上 8 時的 500 百帕天氣圖，當時熱帶氣旋羅莎位於南海北部，初時採取偏北路徑移動，及後受東北季候風引導，轉向西南方向移動。羅莎影響本港期間，天文台一度須發出一號風球。圖片來源：韓國氣象廳。

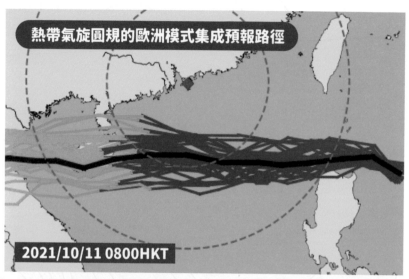

圖 10. 2021 年熱帶氣旋圓規的歐洲模式集成預報與實際路徑對比圖。資料來源：ECMWF（上）、香港特別行政區政府香港天文台（下）。

1.12
暴風雨前夕特別熱？
打唔正都熱到傻？

人們在未有較精準工具協助預測天氣時，只能望天打卦。「火燒天」和異常翳熱在古人眼中是「打勁風」的先兆，相信是流傳至今的「民間智慧」，讀者對此估計亦不感陌生。然而，這個民間智慧背後到底有沒有科學根據呢？

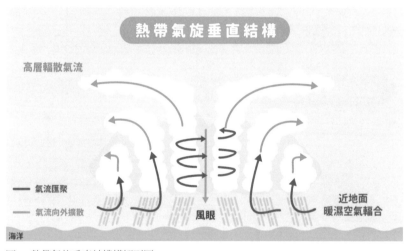

圖 1. 熱帶氣旋垂直結構橫切面圖。

暴風雨前夕翳熱的成因

熱帶氣旋來襲前夕天氣翳熱，其實是風暴外圍下沉氣流所致。如早前章節所言，熱帶氣旋是一個立體。暖濕空氣由氣壓較高的環流外圍，流入氣壓較低的熱帶

氣旋中心，原理就如洗手盤的去水口一樣。成熟的風暴在眼壁附近有強烈上升氣流，暖濕空氣可被抬升至對流層頂部附近（約 12000 至 15000 米高空）。到達對流層頂部時，氣流會停止上升並向外擴散，再於熱帶氣旋環流外圍向下沉，這就是外圍下沉氣流的由來。

隨著空氣往下沉，因周遭氣壓增加，氣團會被壓縮並變暖。由於暖空氣可載較多水氣，當氣團因下沉而變暖時，相對濕度會有所下降。另一方面，下沉氣流亦抑制對流發展，就像蓋上一張被子一樣[1]。因此，受熱帶氣旋外圍下沉氣流影響的地區，天氣往往悶熱和陽光普照。

天氣翳熱一定會「打勁風」？

一般而言，熱帶氣旋越成熟，對流越旺盛，因此較強風暴一般伴隨較顯著的下沉氣流，某程度上解釋了為何古人會將天氣翳熱與「打勁風」掛鉤。

然而，這民間智慧並非金科玉律。根據天文台的「氣候排行榜」，有紀錄以來最高和次高的單日最高氣溫分別為攝氏 36.6 和 36.3 度，兩者均是由熱帶氣旋外圍下沉氣流所造成。前者於 2017 年 8 月 22 日，即熱帶氣旋天鴿襲港前一日錄得；後者則於 2015 年 8 月 8 日錄得，當時熱帶氣旋蘇迪羅正橫過台灣。對比這兩個風暴，天鴿最終為本港帶來十號風球，蘇迪羅則與本港維持逾 500 公里距離，天文台亦沒有發出熱帶氣旋警告信號。由此可見，翳熱天氣的出現與「打勁風」並無必然關係。

事實上，當熱帶氣旋位於呂宋或台灣附近時，香港便有機會受其外圍下沉氣流覆蓋。然而，風暴到達該區後的走向可謂沒有標準答案，有些會向西移動、吹襲華南沿岸，有些則會向北移動、影響日本琉球群島。因此，即使一股熱帶氣旋對香港不構成任何風雨威脅，我們仍可能要忍受一輪翳熱天氣。

---

1 雖然下沉氣流抑制對流發展，但這不代表受下沉氣流覆蓋的地區必然沒有驟雨。隨著日間氣溫上升，高溫觸發的強對流可能於下午至黃昏發展，詳情可參閱〈熱對流天氣：夏季小心天氣急變〉的章節。

翳熱與無風是否必然並存？

一般而言，熱帶氣旋外圍下沉氣流影響期間，本港風力會較弱，不利空氣污染物消散。這導致不少人認為微風和煙霞是下沉氣流的「標準配置」。然而，在個別案例中，本港受熱帶氣旋外圍下沉氣流影響時，離岸和高地風力卻可達清勁程度。

此類案例的一個例子是上文提及的 2015 年熱帶氣旋蘇迪羅。蘇迪羅屬大型風暴，即使遠在台閩地區，本港亦進入其地面環流內，氣壓下降、風力上揚。另外，本港受蘇迪羅的外圍下沉氣流影響時吹西北風，空氣由升溫較快的內陸地區吹往沿岸地區，加劇了本港日間升溫。這些因素疊加起來後，本港當日天氣極端酷熱，日平均氣壓卻只有 998.5 百帕斯卡，長洲、流浮山亦於下午一度吹起清勁西北風，陣風更達強風程度。

蘇迪羅的案例可見，當較大的熱帶氣旋集結於台閩一帶時，香港已可能位處其環流內，並受其西北氣流影響。因此，雖然熱帶氣旋外圍下沉氣流影響期間風力一般較弱，但下沉與風勢也說不上是完全掛鉤。

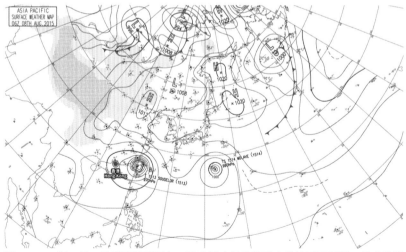

圖 2. 2015 年 8 月 8 日香港時間下午 2 時由日本氣象廳發布的地面天氣圖，當時熱帶氣旋蘇迪羅集結於台灣海峽，香港位於其最外圍閉合等壓線以內。圖片來源：Digital Typhoon。

1.13 祝你一路「逆」風！？八號波都可以正常升降？

「一路順風」是十分例牌的祝福說話，但如果真的想自己或祝福親朋戚友出入平安，其實應該要說「祝你『逆』風」呢！

航空界有關鍵 11 分鐘（critical 11 minutes）的說法，指飛機起飛後的首 3 分鐘以及降落前的 8 分鐘，關鍵在於此 11 分鐘乃整段航程最高危、最易誘發事故的時間。

飛機要有足夠空速（airspeed，即飛機與空氣的相對速度），產生大於其重量的升力（lift）方可起飛；同樣地，降落期間飛機減速同時須維持一定升力，避免著陸時速度過快。逆風便是增加升力的好幫手。反之，順風的情況下升力會降低，造成相反效果，但對航行途中的航機而言，順風卻有利加快飛行速度，節省燃料和時間。

讀者看畢此段，是否有點一頭霧水？或者換個簡單點的概念，放風箏如果想放得高，應該是逆風放，抑或是順風放呢？——總括而言，逆風時起飛及降落，遠比順風時來得安全。因此，當下次出行前，再有親朋戚友祝你一路順風的話，記得叫他們要「『𨂽』口水講過」！

何謂側風（crosswind）？

上一小節提及了順逆風，那麼何謂側風呢？顧名思義，側風是側面吹來的風。在於航空角度而言，與跑道方向垂直的風便是側風。

位於赤鱲角的香港國際機場目前擁有三條跑道,分別是主力負責降落,俗稱「第三條跑道」的北跑道、主力負責起飛的中跑道[1],以及升降皆負責的南跑道。三條跑道均呈東北東–西南西走向。

對本港機場而言,當普遍風向為東南或西北風時,便可視為側風。強勁的側風可將飛機吹離跑道中線,影響航空安全。因此,到港以及離港的航道方向均會視乎當時機場的風向作調整,並會讓航機盡量在逆風的情況下升降。

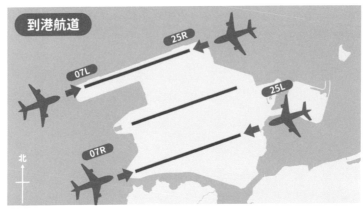

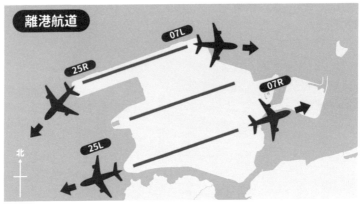

圖 1. 香港國際機場到港 (上) 及離港 (下) 航道示意圖。

1 中跑道於 2022 年 7 月 8 日暫時關閉,預計重新啟用時間為 2024 年。在此期間,香港國際機場維持以雙跑道運作,南跑道會暫時繼續主力負責航機起飛。

側風情況下，降落主要分為「蟹形」（crabbed）及「側滑」（sideslip）兩種進場方式，用以抵消側風影響。蟹形進場即指飛機會猶如螃蟹般「打橫行」，機首會首先稍為指向側風方向，與跑道不對齊並形成一角度（一般稱為蟹形角度），於著陸前一瞬間才回復至對齊跑道的角度；側滑進場則表示機首會與跑道對齊，但機身會側向側風方向直至著陸。

圖 2. 蟹形（上）和側滑（下）進場示意圖。

各位讀者不妨想想打高爾夫球時，如果風向與發球方向垂直的話，應如何發球去抵消「側風」呢？

由於機場毗鄰大嶼山山脈群，一旦有氣流穿過山脈群，氣流會變得強弱不一且方向混亂，更有機會誘發強烈風切變或湍流，所以在興建新機場時，亦有不少關於選址上的爭議。

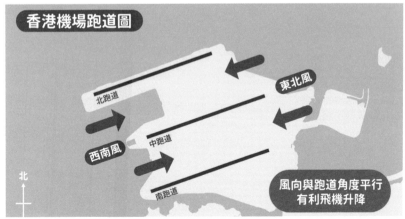

圖 3. 東南或西北風與機場跑道走向大致呈垂直角度，屬側風（上）；東北或西南風則大致與跑道平行，只要調整航道便可盡量做到逆風升降（下）。

天氣不似預期，但都可以飛？

「天氣不似預期，但要走，總要飛。」滿心歡喜出門旅行，遇上八號波很是掃興？其實即使天氣不似預期，也不代表走不了，飛不到！

前面提及的順逆風、側風，相信讀者現在都略有概念。當天氣不似預期，只要「下決心再要逆風飛」，航班其實是可以正常升降的。

發出八號風球時，飛機能否順利升降，不但視乎風力，還要視乎風向。假如生效的是東北或西南信號，由於不是側風，只要機場風力不是非常強勁，一般而言航班可以維持正常升降。反之，假如風向為東南或西北，即使是三號或以下風球，或者是冬季季候風來襲期間發出的強烈季候風信號，都有機會影響航班升降。當然，假如天文台發出十號風球，即使機場風向與跑道平行，風力一般亦會超越安全升降標準。

下次乘搭飛機前，如本港剛好受到熱帶氣旋影響，不妨留意一下機場風向，才決定行程後續安排，因為信號高低跟航班是否取消並非有必然關係呢！

1.14
風暴潮：熱帶氣旋的殺手鐧？

談到颱風，一般人只會聯想到狂風暴雨，但根據美國國家颶風中心統計，熱帶氣旋造成的死亡人數中，近半其實與風暴潮（storm surge）這個殺手鐧有關。

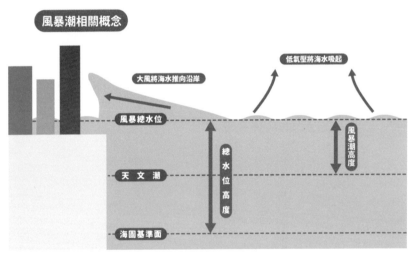

圖 1. 風暴潮相關概念示意圖。

簡單來說，風暴潮是熱帶氣旋引起的水位上漲。熱帶氣旋的大風是風暴潮的主因。隨著熱帶氣旋靠近岸邊，海水會被大風一直吹向沿岸並堆高，導致水位上漲。此外，熱帶氣旋的低氣壓有吸起海水的作用。根據日本氣象廳的研究，氣壓每低 1 百帕，海水便會漲高約 1 厘米。然而，這類海水上漲的幅度較細，因此低氣壓只能說是風暴潮的次因。

除風暴潮外，我們亦須理解天文潮（astronomical tide）的概念。天文潮是我們日常生活都能觀察到的潮汐變化，由太陽與月亮的引力所引起，其變化具規律。一般來說，每個月的新月或滿月後數日潮漲時水位會升得特別高，此現象被稱為天文大潮。

若風暴來襲時正值天文大潮，沿岸會更容易出現水浸。總水位高度（storm tide）是天文潮和風暴潮的總和，即使兩股熱帶氣旋引發的風暴潮完全一致，若然其中一個是在天文大潮期間來襲，這個風暴便「贏在起跑線」，實際水位自然亦較高。

 氣象 Q&A：海圖基準面

海圖基準面是海平面高度的參考基準，一般以最低天文潮位制定。由於不同地點潮汐高度不一，各地的海圖基準面也有不同。本港海圖基準面高度較平均海平面低約 1.45 米。

影響風暴潮高度的因素眾多。首先，我們須考慮熱帶氣旋的環流大小，以及象徵其核心範圍的最大風力半徑（radius of maximum winds）。風暴潮由大風主導，當熱帶氣旋環流和核心更大，大風影響一個位置的時間自然較長，有利將更大範圍的海水更持續地推向沿岸。

北大西洋 2022 年熱帶氣旋 Ian 和 2004 年熱帶氣旋 Charley 的個案，正好反映環流和核心大小對風暴潮高度的影響。這兩個風暴均吹襲美國佛羅里達州西岸，無論是登陸地點還是強度均接近一致。然而，Charley 環流細小、核心緊密，最終風暴潮影響不大。相比之下，環流和核心均較大的 Ian 則帶來破紀錄風暴潮，最高水位上漲至北美洲海圖基準面以上 4.03 米。

當然，這不代表細小的風暴就必然不會引起潮災。以 2017 年熱帶氣旋天鴿為例，雖然環流細小、核心緊密，但由於吹襲時間與天文大潮重合，仍導致香港部分地區和澳門嚴重水浸，鯉魚涌水位一度上升至海圖基準面以上 3.57 米，

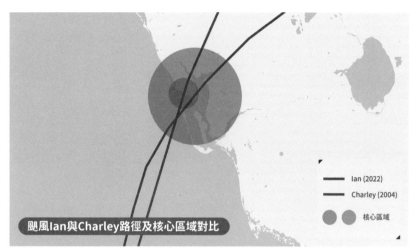

颶風Ian與Charley路徑及核心區域對比

Ian (2022)

Charley (2004)

核心區域

圖 2. 2022 年熱帶氣旋 Ian 及 2004 年熱帶氣旋 Charley 的路徑和核心區域對比。

澳門潮位更上漲至海圖基準面以上 5.58 米,當局於 2018 年發表的事後調查報告指是 1925 年有潮位紀錄以來最高。

地形因素亦會影響風暴潮高度。當熱帶氣旋在本港以南掠過、西面登陸,一般能帶來更強勁的風暴潮。這是因為本港會受來自海洋的東風或南風影響,大風自然能把海水吹上岸。相反,熱帶氣旋在本港以東掠過的話,本港會受源自陸地的北風影響,大風甚至有機會把海水推離岸邊。

然而,這不代表「東登」風暴必然不會誘發風暴潮。以 2001 年熱帶氣旋尤特為例,它在本港以東登陸後轉為向西移動,隨後在本港西北方掠過,本港因而轉受來自海洋的西南風吹襲。尤特環流巨大,加上最接近時間正值潮漲,令新界西北出現嚴重風暴潮,尖鼻咀水位一度上升至海圖基準面以上 3.6 米。

特殊的海灣地形亦有利堆高海水。以香港的吐露港為例,它只有一個面向東北的出入口,吹東北風時海水無處可逃,容易累積起來,令該區風暴潮更嚴重。二戰後死傷最嚴重的 1962 年熱帶氣旋溫黛,便是在吐露港「大開殺戒」,大

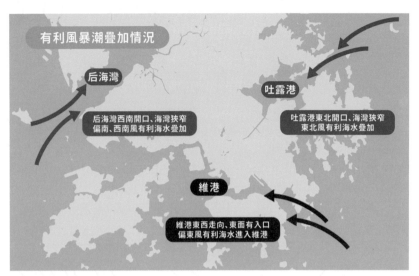

圖 3. 有利風暴潮疊加情況。

埔滘水位一度上升至海圖基準面以上 5.03 米，此紀錄至今仍未被打破。

值得留意的是，「西登」風暴同樣可為新界西北帶來較顯著風暴潮。2017 年天鴿襲港時，尖鼻咀錄得的最高水位高達海圖基準面以上 4.56 米。與其他地區不同的是，風暴西登時新界西北水位高峰出現的時間可以滯後一兩小時，甚至數小時。以天鴿為例，維多利亞港和吐露港水位在當日上午已達最高，但尖鼻咀水位卻待至下午一時許、本港普遍風力已經明顯減弱時才達最高位。由此可見，遇上特殊海灣地形，風暴潮高峰未必與風力最強烈時間重疊。

根據天文台於 2014 年 9 月發表的教育資源《對風暴潮有更多了解》，在香港，當維多利亞港水位上升至海圖基準面以上 3 米時，低窪地區便有機會出現水浸。如果天文台預測熱帶氣旋會帶來水浸風險，亦會在警告中提及水位變化。下次風暴來襲時，讀者除了關心風雨影響，亦可多加留意風暴潮的風險。而正如上文所言，風力減弱亦不代表風暴潮威脅已經過去，位處低窪地區的市民不應隨意鬆懈防水浸措施。

1.15

秋颱點死法？
東北季候風助攻定靠害？

踏入秋季，北方內陸的東北季候風開始南下影響華南，但亦有熱帶氣旋不時闖入南海。東北季候風伴隨乾燥和較涼的空氣，與熱帶氣旋這種依靠暖濕空氣的天氣系統看似勢成水火。然而，兩者之間的角力還須視乎季風強度、風暴所在位置、風暴環流大小和強度等因素，難以一概而論。有些時候，東北季候風甚至能「神助攻」，加強華南沿岸的風雨，為深秋風暴的預測增添不少變數。

情況一：神助攻，兩者合力產生「共伴效應」

當屬於低壓系統的熱帶氣旋進入南海，而源自高壓系統的東北季候風同時南下，夾在兩者中間的華南沿岸便有機會受共伴效應影響。這些時候，將相同氣壓位置連在一起的「等壓線」會變得緊密，代表著華南沿岸風勢會變大。

當華南沿岸受共伴效應影響，風向與單純受熱帶氣旋影響時相比會有差異。當一個風暴移至香港西南方，其東南風疊加東北季候風時，風向會較平時偏北。可是，此時香港仍受較當風的偏東風影響，兩股氣流疊加亦會導致風力加強。

近年有不少深秋風暴令天文台須發出八號風球，其中一個例子是 2021 年熱帶氣旋圓規。圓規雖然離香港較遠，但由於其環流龐大，加上有東北季候風助攻，仍導致部分地區吹烈風，維港內的北角測風站最高風力亦一度逼近烈風水平。

圖 1. 熱帶氣旋與東北季候風產生共伴效應。

情況二：豬隊友，風暴與季風「硬碰」

可是，有時東北季候風不但不會助攻，更會化身為豬隊友。與情況一相比，這些時候的東北季候風會較強，熱帶氣旋環流則可能較細，導致季風相關的乾冷空氣更容易捲入風暴中心。這些與東北季候風硬碰的熱帶氣旋強度會減弱、環流會縮小。東北季候風甚至有機會主宰風暴路徑，將它們推向西南移動。

2013 年熱帶氣旋羅莎便是被東北季候風擊退的例子。羅莎進入南海後，雖然一度受惠於良好高空條件而增強為強颱風，但隨著東北季候風南下，環流較細的羅莎迅速減弱，更轉為採取西南路徑遠離香港，亦只為本港帶來一號戒備信號。

熱帶氣旋遇上強烈東北季候風時，更可能像登上「斷頭台」一樣，於短時間內被「收割」。其中一個著名例子是 1987 年熱帶氣旋蓮娜。與羅莎一樣，蓮娜進入南海後受惠於良好高空條件，一度重新增強為強颱風，但隨著強烈東北季候風南下，加上地面東北風與西風帶相關的高空西風造成強烈垂直風切變，蓮娜於一日內便減弱消散。

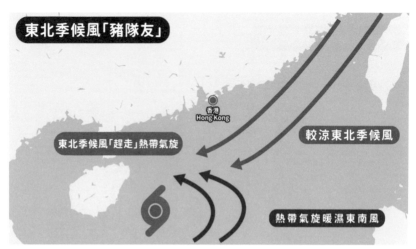

圖 2. 熱帶氣旋受東北季候風影響減弱，並轉向西南移動。

在蓮娜與強烈東北季候風的共伴效應下，華南沿岸風勢顯著增強，橫瀾島於 11 月 28 日的日平均風速高達每小時 69.8 公里，為該站有紀錄以來 11 月最高。同時，受冷空氣影響，天文台總部的氣溫於一日內由 25.8 度急降至 10.8 度，為 1884 年有紀錄至今最大單日降溫。值得一提的是，天文台未有就蓮娜懸掛任何熱帶氣旋警告信號。

圖 3.1987 年熱帶氣旋蓮娜路徑圖，可見蓮娜於香港以南 12 小時內由颱風減弱為低壓區。
資料來源：香港特別行政區政府香港天文台。

1.16
打風不成，真係會三日雨？

相信不少讀者聽說過「打風不成三日雨」這句諺語。時至今日，「打得成」對部分香港人定義或許是風暴帶來八號或以上的風球、上班族享受額外「風假」。然而，打風不成三日雨的說法，又有沒有科學根據呢？

熱帶氣旋可透過兩種形式為本港帶來暴雨，一是風暴的螺旋雨帶，二是風暴或其殘餘低壓與其他天氣系統聯手誘發的強雨帶。風暴帶來的雨量多寡涉及多個因素，包括風暴登陸方位、來襲時的季節和環流大小，亦須視乎其他天氣系統是否配合。

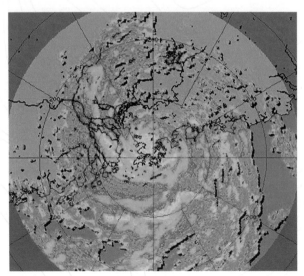

圖 1. 2009 年 7 月 19 日凌晨 2 時 30 分的雷達圖，當時莫拉菲正橫過深圳，受其中心附近較強對流影響，九號風球和紅色暴雨警告信號同時生效。圖片來源：香港特別行政區政府香港天文台。

先談較容易理解的螺旋雨帶。在早前章節，我們提及到熱帶氣旋外圍有一條條狹長雨帶。因此，即使熱帶氣旋未有正面襲港，受其外圍雨帶影響，香港仍可能有驟雨，估計亦是「打風不成三日雨」的由來之一。

熱帶氣旋中心附近亦可以有旺盛的對流活動。當風暴近距離吹襲本港，受中心附近較強對流影響，雨勢同樣有機會較大。以 2009 年熱帶氣旋莫拉菲為例，它在天文台總部東北偏北約 40 公里掠過，受其中心環流影響，天文台須發出九號風球，亦一度發出紅色暴雨警告信號。

亦如早前章節所言，熱帶氣旋對流分布未必對稱，或受強烈垂直風切變等因素影響。故此，要判斷熱帶氣旋帶來的雨勢，不能單靠它與香港的距離。以 2012 年熱帶氣旋杜蘇芮為例，它雖然在本港西南約 70 公里掠過，但受強烈風切變影響，強對流被切至西南側，在雷達圖上甚至恍如「隱形」。因此，杜蘇芮襲港時雖然發出八號風球，維港內亦錄得持續烈風，但本港以「吹乾風」為主，只受零散雨區影響，與莫拉菲的情況截然不同。

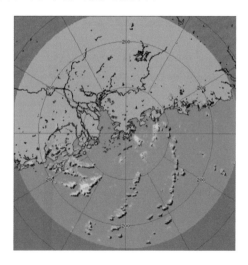

圖 2. 2012 年 6 月 30 日凌晨 1 時的雷達圖，當時杜蘇芮於本港 100 公里範圍內掠過，八號風球正生效，惟期間本港只受零散雨區影響。圖片來源：香港特別行政區政府香港天文台。

同樣道理，距離香港較遠的熱帶氣旋會否帶來驟雨，亦須視乎其外圍雨帶的分布，不能一概而論。說到這裏，相信讀者都能理解「打風不成三日雨」並非金科玉律。

至於熱帶氣旋可以如何和其他天氣系統聯手呢？以下會分三種情況分析：

情況一：與西南季候風聯手

北半球夏季正值西南季候風活躍。熱帶氣旋登陸後，若西南季候風正好處於活躍週期，風暴便會化身西南季候風的「加速器」，將水氣引進陸地。當華南沿岸位於熱帶氣旋或其殘餘低壓的南側，便會位於西南季候風「輸送管道」之間，有利暴雨發展。

「打唔成」但帶來暴雨的典型例子有 2006 年熱帶氣旋碧利斯。碧利斯源自季風低壓，環流龐大，登陸後不但減弱速度慢，亦將西南季候風相關水氣源源不絕引進陸地。碧利斯登陸福建，隨後在本港以北較遠距離掠過，天文台未有發出熱帶氣旋警告信號。然而，受碧利斯殘餘低壓與西南季候風的共同影響，香港於 7 月 16 日（即碧利斯登陸後約兩日）凌晨受暴雨影響，天文台一度發出黑色暴雨警告信號。

夏季「東登」風暴近距離襲港，亦可導致暴雨出現。根據天文台統計，本港「最多雨」的熱帶氣旋是 1999 年森姆，與其相關的總雨量高達 616.5 毫米 [1]。森姆於 8 月 22 日下午登陸西貢，天文台一度須懸掛八號風球。森姆遠離後同樣引進西南季候風，24 日及 25 日天文台分別須發出黑色和紅色暴雨警告信號，可謂「打得成都落足三日雨」。

---

1 熱帶氣旋為本港帶來的總雨量，以風暴出現在本港 600 公里範圍內，以及其消散或離開香港 600 公里範圍後的 72 小時期間所錄得的雨量總和為標準。

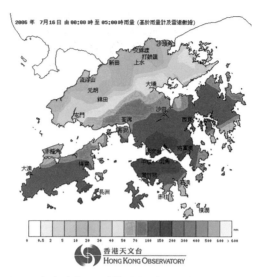

圖 3. 2006 年 7 月 16 日午夜至清晨 5 時的雨量分布圖，當日凌晨天文台錄得最高每小時雨量為破紀錄的 115.1 毫米。此紀錄隨後於 2008 年 6 月 7 日被打破。圖片來源：香港特別行政區政府香港天文台。

與夏季相比，秋季東登風暴在遠離本港後帶來的雨量一般較少。以 2013 年熱帶氣旋天兔為例，雖然亦是東登風暴，離本港最近只有約 80 公里，但風暴襲港時已是九月下旬，西南季候風不如夏季活躍、開始「退場」。缺乏水汽支援下，天兔登陸後十數小時便由強颱風減弱為熱帶低氣壓，風球除下後本港也沒有再出現暴雨。

情況二：副熱帶高壓脊東風助攻

當「西登」風暴的偏南氣流遇上副高東風，兩者相撞亦可觸發暴雨。其中一個經典例子是 2010 年熱帶氣旋燦都。燦都於 7 月 22 日下午登陸廣東西部後，天文台便取消一號戒備信號。然而，當時珠江口位於副高邊緣，副高東風與燦都的偏南氣流於大氣低層匯聚，形成一道急流。這道急流於燦都登陸後為本港帶

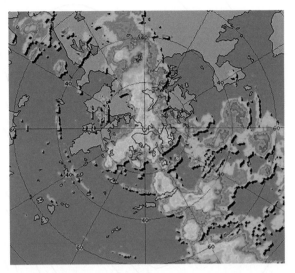

圖 4. 2010 年 7 月 22 日下午 5 時 30 分的雷達圖，當時黑色暴雨警告生效。受強雨區影響，部分地區於兩小時內錄得超過 200 毫米雨量，小西灣更有水龍捲報告。圖片來源：香港特別行政區政府香港天文台。

來暴雨，天文台在當日下午 4 時 35 分發出黃色暴雨警告信號，隨後一小時內再升級為紅色和黑色暴雨警告信號。

從燦都一例可見，風暴登陸後能否繼續為本港帶來降水，須視乎副高勢力範圍的變化。假如副高西伸較慢，珠江口處於副高邊緣，熱帶氣旋引進的偏南氣流便能一直與副高東風匯聚，本港雨勢會較持續。以 2012 年為香港帶來十號風球的熱帶氣旋韋森特為例，風暴於 7 月 24 日登陸後副高西伸不明顯，因此本港繼續有驟雨，25 日天文台總部仍錄得逾 80 毫米日雨量。

相反，當風暴登陸後副高西伸速度較快，香港天氣便會較快好轉。以前文提及的莫拉菲為例，它登陸後副高勢力範圍快速擴展至珠江口附近，故此風球除下後翌日天文台總部只錄得 8.1 毫米日雨量。

情況三：深秋風暴暴雨

一般人可能以為秋高氣爽不利暴雨發生。可是，若深秋風暴位於香港西南方，而華南沿岸同時受較弱東北季候風影響，風暴相關的暖濕東南風遇上東北風，仍可以誘發雨區發展。

近年其中一個廣為人知的例子是 2016 年熱帶氣旋莎莉嘉。當年 10 月下旬，莎莉嘉雖然已遠離香港，但與其相關的偏南氣流於珠江口附近與東北風匯聚，為香港帶來暴雨，天文台首次在 10 月發出黑色暴雨警告信號，柴灣更發生山洪暴發，馬路、商場嚴重水浸。

即使沒有強雨區發展，在熱帶氣旋東南風和東北季候風共伴下，華南沿岸仍可能出現「細水長流」的情況。根據天文台氣象學家奎明於 1968 年發表的研究，當熱帶氣旋在深秋至初冬進入北緯 13 至 16 度、東經 110 至 115 度的「奎明範圍」，而華南沿岸受較弱的東北季候風影響，便有機會有雲帶發展，為香港帶來降雨。

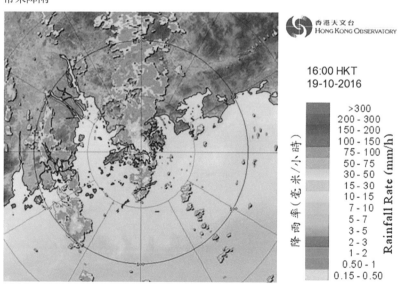

圖 5. 2016 年 10 月 19 日下午 4 時正的雷達圖，當時天文台剛發出黑色暴雨警告信號。
圖片來源：香港特別行政區政府香港天文台。

1.17
究竟你有幾強？
淺談熱帶氣旋強度分析方法

大家關心風暴消息時，應該會發現熱帶氣旋可分為不同等級。大家又有沒有想過氣象機構是如何得知這些風暴的強度呢？

熱帶氣旋位處廣闊洋面時，其中心附近一般缺乏直接監測的氣象數據，因此氣象機構須使用氣象衛星作遙感觀測（remote sensing），並評估風暴強度。現今氣象機構主要沿用 1970 至 80 年代研發的德沃夏克分析法（Dvorak Technique，俗稱德法）作為衛星分析的基礎。分析員會基於熱帶氣旋的型態，按照德法評定 T 指數，再用對應表找出對應的風速。T 指數以 0.5 為間距，分為 1.0 至 8.0 共 16 個等級，越高代表風暴越強。

T 指數	一分鐘平均風速 （公里每小時）	大致對應 SSHWS 等級
1.0	46	
1.5	46	
2.0	56	
2.5	65	未達颶風 / 颱風強度
3.0	83	
3.5	102	

4.0	120	一級颶風 / 颱風
4.5	143	
5.0	167	二級颶風 / 颱風
5.5	189	三級颶風 / 颱風
6.0	213	四級颶風 / 颱風
6.5	235	
7.0	259	
7.5	287	五級颶風 / 颱風
8.0	315	

表 1. 德法對應表。讀者須注意對應的 SSHWS 等級（薩菲爾－辛普森颶風風力等級）僅供參考，強度分析有機會涉及德法分析以外的數據。

德法採用可見光和紅外線衛星雲圖，參考標準包括風暴螺旋型態、強對流與中心的距離、中心密集雲團區的大小、風眼溫度、眼牆對流強度等。德法是觀察研究（empirical analysis）歸納所得的統計方法，但不代表其參考標準沒有物理基礎。以風眼溫度為例，越溫暖的風眼可被視為熱帶氣旋暖心越強勁的一個表現。

德法只是估算熱帶氣旋強度的方法，其分析可與實際強度有出入。然而，根據美國國家颶風中心的統計，一半個案下德法估算與飛機實測的差距僅為每小時 9 公里；加上同步衛星可提供密度高、觀察範圍廣的雲圖，缺乏其他資料時，氣象機構仍可定時透過德法得出不錯的強度估算。因此，即使德法發明將近 40 年，它仍是評估熱帶氣旋強度時不可或缺的工具。

德法被氣象界廣泛應用，但這不代表德法沒有明顯限制。首先，遇上結構較不典型的熱帶氣旋時，德法有機會出現較大誤差。以季風低壓為例，由於它們結

構鬆散、對流集中於外圍，加上風速受背景氣流疊加影響，德法不時會低估強度。另一個例子是即將轉化為溫帶氣旋的系統。這類系統的對流通常較弱，且與中心有一定距離，但它們移動速度一般較快、半圓效應明顯，加上可透過斜壓[1]獲得能量，因此強度亦會比德法分析顯示來得高。

另外，德法帶有主觀成分，準確程度相當取決於分析員的能力。有見及此，不同機構研發了自動化德法分析，當中最廣為氣象迷熟知的，相信是美國威斯康辛大學麥迪遜分校氣象研究所（UW-CIMSS）研發的進階德法分析（Advanced Dvorak Technique，簡稱 ADT）。除分析過程自動化外，ADT 分析密度約為半

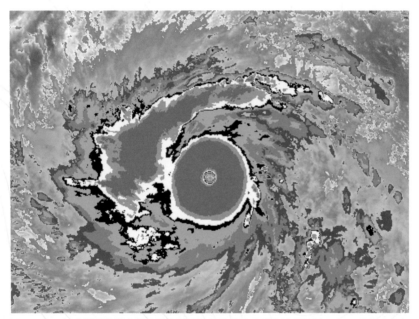

圖 1. 2013 年重創菲律賓中部的超強颱風海燕達德法分析的最高等級 T8.0，香港天文台估計其最高持續風速為每小時 285 公里。圖片來源：Wikimedia Commons / Meow，由日本氣象廳的 MTSAT-1R 衛星拍攝。

1 相比起熱帶氣旋透過垂直對流運動吸收及釋放能量，屬斜壓系統的溫帶氣旋則透過大氣中的水平溫差獲能量。一般而言，熱帶氣旋進入西風帶後會開始轉化為溫帶氣旋，主要能量來源改為斜壓，建基於「純正」熱帶氣旋樣本的德法自然會開始失準。

圖 2. 2014 年吹襲沖繩的強烈熱帶風暴基莉具季風低壓特性，日本氣象廳德法分析只有 T2.0，但實測顯示其最高持續風速約為每小時 105 公里。圖片來源：Digital Typhoon，由日本氣象廳的 MTSAT-2 衛星拍攝。

小時一次，較主觀分析的三或六小時高，其 T 指數亦細化至以 0.1 為間距。

然而，這不代表氣象機構可將工作全交給電腦。針對強度較弱的熱帶氣旋，一般須基於其螺旋型態或強對流與中心的距離估算強度，而自動化分析對這兩個指標的研究較少，估算容易有較大誤差。因此，即使自動化分析漸趨發達，氣象機構仍會要求預報員同步進行人工德法分析，一方面起交叉驗證的作用，另一方面亦可確保他們的業務技術水平。

氣象機構常用的工具 ，還有進階散射計（Advanced Scatterometer，簡稱 ASCAT）。與德法不同的是，ASCAT 使用極軌衛星的微波資料。由於微波穿透能力較高，ASCAT 可越過熱帶氣旋的高層密雲，探測海面情況，再按波浪起伏推算對應的風速和風向。

根據幾所台灣大學於 2013 年進行的研究，針對風速低於每小時 72 公里（約 8

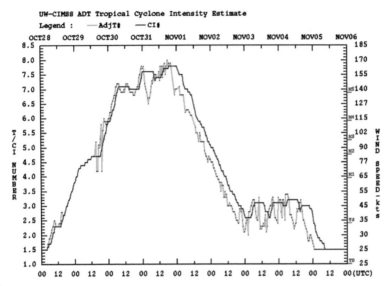

圖 3. 2020 年吹襲菲律賓中部的超強颱風天鵝，登陸前 ADT 分析達 T7.8，香港天文台估計其最高持續風速達每小時 275 公里。右側所示風速為一分鐘平均，並以節作單位（1 節對應每小時 1.852 公里）。圖片來源：UW-CIMSS。

級烈風上限）的樣本，ASCAT 推算的風速與飛機實測大致吻合。這代表遇上較弱熱帶氣旋時，ASCAT 可化身為氣象機構的「神隊友」。如上文所言，德法對季風低壓的分析有較大誤差，但季風低壓一般強度較弱，且最大風速區域較廣闊，ASCAT 此時便可大派用場。

然而，同一研究發現，風速變高時 ASCAT 會出現偏低誤差（negative bias），風速越高，誤差越大。這代表 ASCAT 不能用來分析較強熱帶氣旋的強度，箇中原因是其解析度較低，因此對較高風速不敏感。同樣道理，當遇上環流較細、核心較緊密的熱帶氣旋時，即使強度較弱，ASCAT 仍可能出現低估。

不過，ASCAT 並非在分析較強熱帶氣旋時就變得毫無作用。由於 ASCAT 能準確解析烈風或以下的風速，氣象機構仍可使用這些資料，繪製該風暴的烈風和強風覆蓋範圍。

使用 ASCAT 時亦有兩點須多加留意。首先，如果讀者於高中曾修讀物理，應該知道海浪靠近沿岸時，會因地勢較淺而出現浪高增加的情況。ASCAT 以波浪起伏為基礎，因此近岸的推算風速有機會比實況偏高。此外，當風暴對流強勁、海面附近雨勢較大時，雨水亦會干擾 ASCAT 接收的訊號，這種降水污染（rain contamination）同樣會影響風速推算。

雖然 ASCAT 相當實用，但它使用極軌衛星，因此針對同一地點每天最多只有兩次掃描。另外，其掃描範圍亦有限制，不一定能覆蓋整個熱帶氣旋。因此，這個「神隊友」會否出動，可以說是有點看運氣的。

另一個應用微波的例子是同由 UW-CIMSS 研發的先進微波探測器（Advanced Microwave Sounding Unit，簡稱 AMSU）分析。AMSU 可探測熱帶氣旋於不同高度的暖心強度。由於熱帶氣旋強度與其暖心強弱有明顯關係，只要簡單應用迴歸分析（regression analysis），預報員便可基於 AMSU 探測所得的暖心強度，推算所對應的中心氣壓和風速。

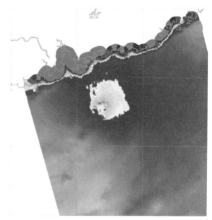

圖 4. 2021 年熱帶氣旋圓規位於菲律賓以東海域時（左）；2020 年熱帶氣旋海高斯接近香港時（右）的 ASCAT 掃描。圓規當時季風低壓性質明顯，ASCAT 測得大範圍烈風，天文台則估算最高持續風速為每小時 85 公里。海高斯當時則環流細小，ASCAT 只測得烈風，但天文台估算最高持續風速已達每小時 110 公里，達暴風程度。圖片來源：NRL。

然而，AMSU 分析有著和 ASCAT 類似的問題。由於它的解析度較低，遇上環流或核心較細的熱帶氣旋時，就會出現採樣低估（undersampling）的問題。為了解決這個問題，AMSU 進行迴歸分析時，會加以考慮反映熱帶氣旋核心大小的的最大風速半徑。然而，當最大風速半徑推算錯誤，這種修正就會出現誤差。

近年，深度學習（Deep Learning）亦促使了新技術發展，同由 UW-CIMSS 研發的深度多頻熱帶氣旋強度估算器（Deep Multispectral INtensity of TCs estimator，簡稱 D-MINT）便是一例。傳統分析方法只會給出一個風速數字，D-MINT 則會基於紅外線衛星雲圖和微波圖像作概率分析，判斷不同風速數字為實際強度的可能性。這種概率分析有助預報員理解個別強度估算的不確定性。值得留意的是，D-MINT 屬發展中的技術，因此它的準確程度和對氣象機構業務運作的影響均有待觀察。

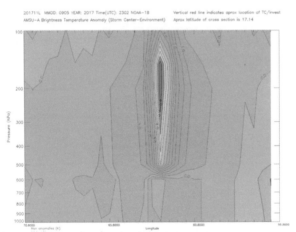

圖 5. 2017 年北大西洋熱帶氣旋 Irma 近巔峰的 AMSU 橫截面暖心分析。美國國家颶風中心當時德法分析為 T6.5，但 AMSU 估算其一分鐘平均風速達 156 節（對應十分鐘平均每小時 269 公里），而飛機實測顯示其一分鐘平均風速約為 155 節[2]。圖片來源：UW-CIMSS。

2 美國國家颶風中心曾表示較強熱帶氣旋的飛機實測風速具不確定因素，有待進一步探討，因此不排除強度估算有再次修訂的空間。

遙感分析五花八門，預報員要如何從中作出選擇呢？有些氣象機構會參考 UW-CIMSS 研發的衛星共識（Satellite Consensus，簡稱 SATCON）。SATCON 會綜合不同遙感分析的過往誤差、於不同情況的表現優劣等因素，作出加權平均。

有些時候，位於廣闊洋面上的浮標、船舶、油台或海島會受熱帶氣旋正面吹襲，收集到寶貴的觀測數據。當熱帶氣旋接近陸地時，測風站觀測網絡會變得更密集，氣象機構不時可以透過實際測得的數據評估熱帶氣旋的強度，取代「隔了一層」的遙感分析估算。

實測數據素來被稱為熱帶氣旋強度評估的「金標準」，但氣象機構亦非單純將錄得的風速數字搬字過紙。一方面，氣象機構須確保風速計質素過關，沒有系統性偏高或偏低的誤差。另一方面，測風站的「擺位」亦會從幾方面影響實際測得的風速。

首先考慮的是地形影響。位於海島或陸地上的測風站往往不是四方八面都開揚當風，某些風向下可能受到屏蔽。可是，這不代表測風站錄得的風速必然較熱帶氣旋實際強度低。有些測風站處於峽谷或「喇叭位」，氣流穿過狹窄管道時可能受狹管效應（channeling effect）影響而加速，反而會導致測得的數據偏高。

Estimated Mean Wind Speed for 02W based on GMI at 20230525 1631UTC and IR from 12 previous hours

  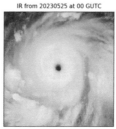 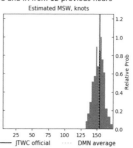

圖 6. 2023 年熱帶氣旋瑪娃近巔峰的 D-MINT 分析，所示風速為一分鐘平均，並以節作單位。當時概率最高的一分鐘平均風速估算約為 155 節（對應十分鐘平均風速每小時 267 公里），與美國聯合颱風預警中心的估算一致。圖片來源：UW-CIMSS。

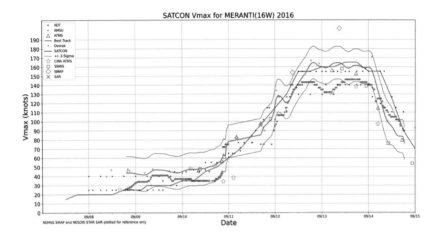

圖 7. 2016 年熱帶氣旋莫蘭蒂的 SATCON 分析，可見 ADT 分析結果較低，AMSU 等其他遙感分析結果較高。美國聯合颱風預警中心基於 SATCON，評估莫蘭蒂的最高持續風速與海燕同級，香港天文台則估計為每小時 250 公里。左方所示風速為一分鐘平均，並以節作單位。圖片來源：UW-CIMSS。

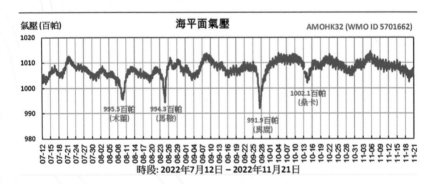

圖 8. 天文台 2022 年於南海投放的漂移浮標所收集的氣壓數據，浮標一度處於數個熱帶氣旋的環流內。圖片來源：香港特別行政區香港天文台於 2022 年 12 月發布的天文台網誌《海上氣象浮標之旅》。

2018 年熱帶氣旋山竹便出現測風站風速較實際強度高的情況。山竹襲港期間，清水灣測風站錄得最高十分鐘平均風速為每小時 191 公里，但由於該站位處複雜地形，因此天文台未有直接採用此數據，而是將當時山竹的最高持續風速評估為每小時 175 公里。由此可見，氣象機構須理解不同測風站所處地形的特點，從而判斷可否採用、如何採用測得的數據。

第二個因素是測風站的高度。熱帶氣旋強度以離海平面十米的持續風速為準，但美國國家颶風中心的數據顯示，在接近地面的低空，風速和高度呈接近對數曲線（logarithmic curve）的關係。簡單來說，即使測風站離海平面只有數十米高，測得數據已可以比離海平面十米、「標準高度」的風速高，氣象機構未必能直接採用。

天文台業務操作上亦會套用對數曲線，將位於南海北部、有一定高度的船舶和油台實測折算至標準高度的風速。香港境內的測風站而言，天文台針對橫瀾島數據亦設了較嚴格的標準。

	強風	烈風	颶風
一般測風站標準	每小時 41 公里	每小時 63 公里	每小時 118 公里
橫瀾島測風站標準	每小時 52 公里	每小時 72 公里	每小時 126 公里

表 2. 橫瀾島強風、烈風和颶風標準，適用於持續風速數據。資料來源：香港特別行政區香港天文台 1978 年發布的技術報告 45。

第三個限制是採樣偏差。根據美國邁阿密大學於 2014 年發表的研究，如果只有一個測風站被熱帶氣旋的危險半圓擊中，該站測得的最高持續風速仍可比熱帶氣旋實際強度低百分之五至十。因此，當風暴只打中單一浮標、油台或海島時，就需要注意採樣低估的問題了。

除了依靠陸地和海洋上的測風站，有些氣象機構還會派出飛機，穿梭熱帶氣旋

的環流並直接收集數據。然而，飛機實測不但成本較高，還存在一定風險，因此只有寥寥可數、對陸地構成威脅的熱帶氣旋能享受這「高規格待遇」。

值得留意的是，飛機直接收集的一般是高空數據，所測風速同樣需要換算。然而，不同熱帶氣旋有不同的垂直結構，有些風暴能有效將高空風力帶至中低空甚至海平面，但另一些風暴在這方面的能力稍遜。雖然氣象機構一般應用統一的換算因子，但高空與海平面風速的關係存在一定變數。因此，這些換算後的數據應被視為估算，而非絕對正確的標準答案。

針對南海北部的熱帶氣旋，天文台不時會與政府飛行服務隊合作，進行飛機實測。天文台更於 2016 年引入下投式探空儀（dropsonde）系統。這些儀器離開飛機後、掉進海裡前，可以持續匯報不同高度以至海平面的氣象數據，有助更理解熱帶氣旋的垂直結構。

雖然下投式探空儀解決了數據換算的問題，但相比熱帶氣旋的核心，它們只是細小的儀器，因此採樣低估的問題同樣有機會出現，單靠它們未必能捕捉到熱帶氣旋最強的一面。

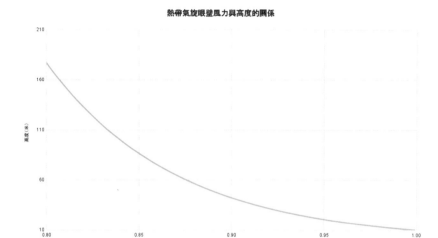

圖 9. 熱帶氣旋風速與高度的關係，基於 172 個位於熱帶氣旋眼牆的下投式探空儀數據繪製。資料來源：美國國家颶風中心。

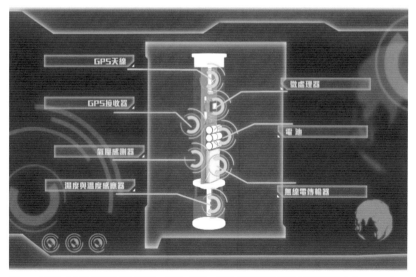

圖 10. 下投式探空儀系統的構造。圖片來源：香港特別行政區政府香港天文台 2017 年 3 月發布的氣象冷知識《追風？下投探空》。

1.18
電腦模式的迷思（一）：
路徑彈出彈入？

近年當熱帶氣旋遠在菲律賓以東海域時，媒體已會引述不同電腦模式的預測作報道。這些電腦模式有多可靠？氣象機構預測路徑時又是如何參考呢？

熱帶氣旋的路徑，主要受勢力範圍廣、持續時間長的行星尺度系統主導，故此氣象機構預測風暴走向時，一般會參考全球模式（global models）的預測。顧名思義，這些電腦模式的預測範圍覆蓋全球，可以預測未來十至十五日不同天氣系統，特別是行星尺度系統的大致變化。

顧及到運算能力的限制，這些負責範圍遼闊的電腦模式往往要作出取捨，例如使用簡化的物理算式分析數據。另一方面，雖然氣象機構有龐大的天氣監測網絡，但這個網絡存在不少缺口。以高空天氣監測為例，有人駐守的氣象站一般每隔半日釋放一次探空氣球[1]，收集大氣不同高度的數據。可是，這些氣球不能每時每刻監測全球每個角落。電腦模式遇上這些缺口，就只能借用衛星等其他工具估算一個地點的天氣實況。

然而，天氣是一個混沌系統（chaotic system），意指起跑點的數據即使只有少許誤差，隨著預報時段變長，這些誤差仍會迅速和不斷被放大。氣象學家常打一個比喻，指一隻蝴蝶在巴西輕拍翅膀，牠帶來的連鎖效應已可能令一個月後的美國出現龍捲風。這比喻背後正是混沌系統的概念。

---

1 氣象站會於每日協調世界時 0 時和 12 時（對應香港時間早晚 8 時）釋放探空氣球。由於大氣是一個立體，單靠地面觀測不足以預測天氣變化，因此須透過探空氣球收集不同高度的氣象數據。某些情況，氣象站更會將探空氣球的頻率加密至 6 小時一次，即協調世界時 6 時和 18 時（對應香港時間下午 2 時和凌晨 2 時），以求作出更精準的預測。

電腦模式	2021 年熱帶氣旋平均路徑預報誤差（公里）				
	24 小時	48 小時	72 小時	96 小時	120 小時
歐洲模式（ECMWF）	63.5	125.2	186.2	270.6	297.3
美國模式（GFS）	73.7	138.4	247.1	298.2	348.6
英國模式（UKMET）	75.8	141.8	221.8	305.5	357.0
日本模式（GSM）	99.0	201.5	307.1	362.3	399.5

表 1. 2021 年主流全球模式對熱帶氣旋路徑的平均預報誤差。

電腦模式收集數據上的限制和分析數據時的取捨，令預測無可避免地出現誤差。上表可見，現時電腦模式對熱帶氣旋五天後的位置預測，與實際情況平均仍可相差 300 公里以上，超過香港至汕頭之間的距離。

不同電腦模式分析數據的方法，甚至使用的數據亦有出入。同樣基於混沌系統的原理，不同電腦模式得出的結論可以有不少分歧。值得留意的是，雖然上表顯示在風暴路徑預報上，歐洲模式是表現最好的電腦模式，但表格計算的是橫跨一年的平均誤差。就像班上的高材生考試也有失手的時候，歐洲模式並非在每次預測中都是準確度最高的「常勝將軍」。

 氣象 Q&A：Windy 的預測可信嗎？

近年媒體報道風暴走向時，都會圖文並茂引述 Windy 的預測。其實 Windy 並非官方氣象機構或電腦模式，而是顯示歐洲模式、美國模式和德國模式（ICON）的一個介面。

Windy 的視像化介面相當方便用戶，但只能顯示單一電腦模式於單一時間點的預測，可謂片面之詞，無法反映預測的變數。氣象機構會參考多個電腦模式，預測一般與 Windy 顯示的單一情境有出入。因此，讀者不應將 Windy 顯示的預測視為不容置疑的結論。

預測風暴路徑時，氣象機構不會是一個電腦模式的死忠，而是採取共識預報（consensus forecast）的策略，集各家之大成。其中一個策略是參考加權平均（weighted average），以不同電腦模式過往表現作為評分基礎，預測較準確者佔比較重，反之亦然。

大氣環流相對穩定時，不同電腦模式分歧會較少，氣象機構可以輕鬆採用加權平均。以 2021 年熱帶氣旋圓規為例，當時西風帶波動不明顯，副熱帶高壓脊勢力範圍變化不大，因此各大主流電腦模式統一預測圓規採取偏西路徑登陸海南島。

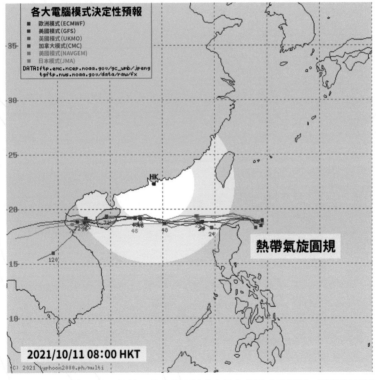

圖 1. 2021 年熱帶氣旋圓規位於呂宋東北海域時主流全球模式的預測。圓規最終路徑符合預期，由於其環流龐大，加上華南沿岸受東北季候風共同影響，天文台須發出八號風球。圖片來源：typhoon2000.ph。

當大氣環流即將出現較大變化，例如西風槽準備打擊副高之際，電腦模式分歧則會變大，有時甚至分岔為不同陣營。此時，加權平均可能被獨樹一格的電腦模式扭曲，或得出一個「兩頭不到岸」的結論。因此，氣象機構未必會跟隨加權平均，而是採取其他策略，例如「跟大隊」採取主流陣營預測，或者考慮大氣環流的主觀分析、類似往例等因素，押注其中一個陣營。這類個案變數相當大，是對預報人員功架的一大考驗，「炒車」機會亦自然更大。

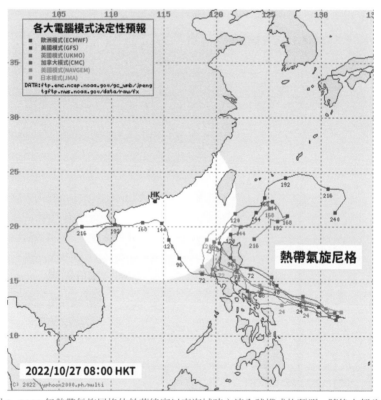

圖 2. 2022 年熱帶氣旋尼格位於菲律賓以東海域時主流全球模式的預測，隨後大部分電腦模式倒戈跟隨歐洲模式。尼格最終於天文台總部西南約 40 公里掠過，天文台須發出八號風球。圖片來源：typhoon2000.ph。

更令氣象機構頭痛的是，有時電腦模式確實能一枝獨秀。以 2022 年熱帶氣旋尼格為例，尼格位於菲律賓以東海域時，大部分電腦模式預測尼格橫過呂宋後會轉向東北移動，歐洲模式卻率先調整預測，認為尼格進入南海後採取先北後西的路徑移動。尼格最終較歐洲模式預計更接近本港，但相比其他電腦模式，整體走向仍更符合歐洲模式的預測。

上文提及的電腦模式預測，一般稱為決定性預報（deterministic forecast），意思是一個電腦模式於一個時間點提供單一預測。近年，氣象機構為了更準確理解預測變數，亦開始參考集成預報（ensemble forecast）。

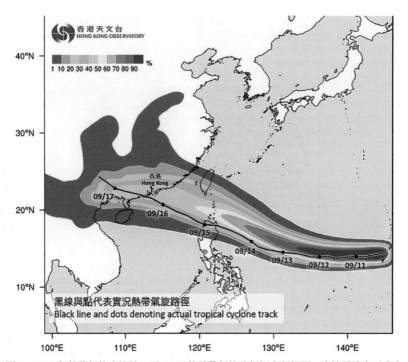

圖 3. 2018 年熱帶氣旋山竹於 9 月 11 日的熱帶氣旋路徑概率預報圖。山竹最終在天文台總部西南偏南約 100 公里掠過，天文台須發出十號風球。圖片來源：香港特別行政區政府香港天文台。

相比決定性預報，集成預報由數十名成員組成，每個成員在起跑點會採用和決定性預報稍微不同的數據。基於混沌系統的原理，不同成員的差異會隨著預報時段延長而變大，為氣象機構提供不同可能情境。

透過觀察集成預報成員的分歧，氣象機構可得知預測的變數多寡，甚至量化不同情景成真的概率。日本氣象廳會基於集成預報分歧程度，調整其熱帶氣旋路徑預報的誤差圈大小，分歧愈大，誤差圈愈大。香港天文台則提供俗稱「彩帶」的熱帶氣旋路徑概率預報，同樣是建基於不同電腦模式的集成預報。

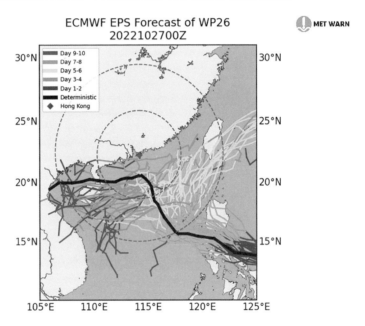

圖 4. 2022 年熱帶氣旋尼格位於菲律賓以東時的歐洲模式集成預報。雖然決定性預報顯示尼格進入南海後會採取先北後西的路徑，但仍有不少成員預測尼格橫過呂宋後轉向東北移動，反映預報變數較大。

和共識預報類似，集成預報分歧不大時，氣象機構可參考成員均值（ensemble mean），但如果集成預報恍如「天女散花」，集合平均很可能拉出一個兩邊不討好、可能性不大的結論，氣象機構同樣要面對二擇其一的困境。

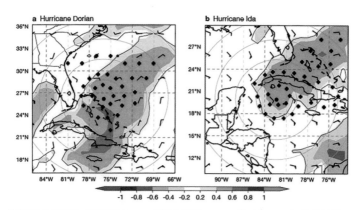

圖 5. 歐洲模式針對北大西洋 (a)2019 年熱帶氣旋 Dorian 和 (b)2021 年熱帶氣旋 Ida 的敏感度分析。黑點代表不同集成預報成員的中心位置預測；暖色代表該位置引導氣流越偏向西南風，熱帶氣旋路徑便會越偏向東北。敏感度分析顯示路徑變數取決於西風槽強度，暖色位置的大氣狀況屬預測關鍵。美國國家颶風中心隨後派出飛機收集風暴外圍的高空數據，務求準確分析西風槽強弱。圖片來源：ECMWF。

然而，集成預報成員數量較多，氣象機構有更多資料分析不同陣營「中注」的可能性。預報員亦可將同一電腦模式的決定性預報和集成預報作對比。假如決定性預報在同一電腦模式的「同溫層」中亦是非主流意見，其可信度可能就要打折扣。

集成預報的應用並非停留在顯示預測變數多寡，另一個氣象機構會使用的策略是敏感度分析（sensitivity analysis）。簡單來說，敏感度分析會抽取一些預測要素，例如反映西風槽強弱的高空風力和風向，並進行迴歸分析，判斷不同要素如何影響熱帶氣旋中心位置的預測。敏感度分析可令氣象機構理解預測變數的元兇，並協助它們進行針對性監測（observation targeting），加強收集與影響最大的要素相關的大氣數據，從而改善預測的準確度。

有些氣象愛好者誤以為決定性預報是眾多集成預報成員中抽選出來的「代表」，但這是錯誤概念。一般來說，集成預報會設一名對照成員（control run），採用與決定性預報一致的資料。然而決定性預報和集成預報仍是獨立運作，加上集成預報解析度通常較低，對照成員得出的結論仍可能與決定性預報有出入。

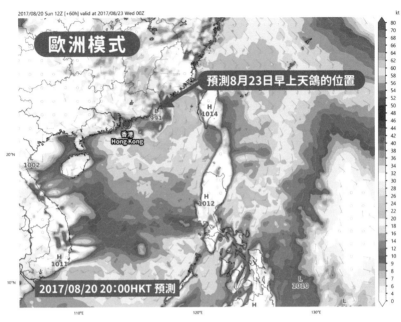

圖 6. 2017 年 8 月 20 日晚上 8 時歐洲模式針對熱帶氣旋天鴿的預測，顯示天鴿將於 8 月 23 日早上登陸廣東東部，強度屬熱帶風暴級。圖片來源：ECMWF。

雖然熱帶氣旋路徑主要受行星尺度系統主導，但風暴未生成或初初發展之際，中心有機會因為結構未成熟而出現波動甚至重整。這些短期波動帶來的「骨牌效應」足以對往後路徑做成一定影響，有時甚至可以將「劇本」推倒重來。全球模式往往無法準確模擬熱帶氣旋結構變化，而根據美國國家颶風中心的驗證數據，較弱熱帶氣旋路徑預測的誤差亦較大。

其中一個例子是 2017 年熱帶氣旋天鴿。天鴿位於菲律賓以東時中心外露，強對流集中在中心南側。歐洲模式一度預測天鴿會採取偏西北路徑，登陸台灣南部至廣東東部。然而，天鴿橫過巴士海峽前，中心往強對流側調整，出現一段偏西甚至南折的路徑。這個短期波動就如改變風暴的起跑點一樣，逼使歐洲模式將預測路徑往西調整。天鴿最終變成「西登」颱風，於天文台總部之西南約 60 公里掠過，天文台須發出最高級別的十號風球。

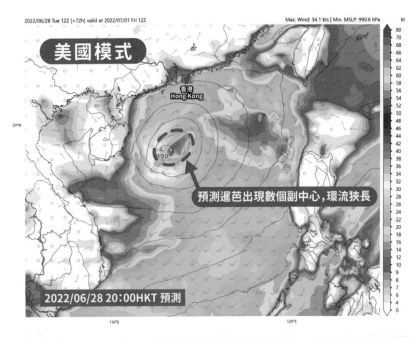

圖 7. 2022 年 6 月 28 日晚上 8 時美國模式針對熱帶氣旋暹芭的 72 小時預測，顯示暹芭有數個副中心，環流狹長，路徑因而出現波動。圖片來源：NCEP。

另一個例子是 2022 年熱帶氣旋暹芭。暹芭生成前，美國模式預測風暴整合速度較慢，會分裂為數個副中心，其他電腦模式則預測風暴很快能整合出單一中心。這段美國模式獨有的中心整合過程，令其預測路徑出現一些波動，預測登陸時間較其他電腦模式晚，登陸地點亦偏東。暹芭最終路徑較接近主流電腦模式的預測，而隨著風暴開始發展，美國模式也逐步倒戈並調整其預測。

另一方面，如先前章節所言，不同強度的熱帶氣旋引導層面不一，風暴較強會受更高層面氣流引導。然而，副熱帶高壓脊等行星尺度系統在不同高度的勢力範圍、強度可稍有出入。因此，當熱帶氣旋的強度預報出現誤差，它感受到的引導氣流也會與預期有出入，可導致路徑預報一同出現誤差。

對氣象稍有認知的讀者，可能會在網絡討論看到風暴「越強越北」等說法。必須強調的是，不同個案中行星尺度系統的形勢可以有差異。因此，我們不能斷言風暴較預期強，路徑就必然較預期偏北。

「越強越北」其中一個反例是 2008 年熱帶氣旋風神。據天文台於 2009 年 2 月發表的《全球數值預報模式對颱風風神 (0806) 的路徑預測表現》研究，電腦模式當時除了過早預測副熱帶高壓脊減弱，亦錯誤認為風神橫過菲律賓後會迅速減弱。在風神的個案中，大氣中低層吹南至西南風。因此，風神反而是「越強越西」的風暴，實際路徑亦持續較預期偏西，最終在天文台總部以東 25 公里掠過，天文台須發出八號風球。

大氣高度	引導氣流（移向）	
	2008 年 6 月 21 日 香港時間晚上 8 時	2008 年 6 月 22 日 香港時間晚上 8 時
300 百帕 （對應 9000 米高空）	西	西
500 百帕（對應 5500 至 6000 米高空）	西南偏西	西北偏西
700 百帕 （對應 3000 米高空）	東北偏北	東北

表 1. 2008 年熱帶氣旋風神個案中，不同層面的引導氣流風向概覽。資料來源：香港特別行政區政府香港天文台於 2009 年 2 月發表的 Reprint 812《全球數值預報模式對颱風風神 (0806) 的路徑預測表現》。

在這種情況下，氣象機構同樣可以使用集成預報，觀察不同成員預測的強度和路徑是否明顯相關（例如預測越強的成員是否路徑越偏北），從而判斷預測強度對路徑的影響。

1.19
電腦模式的迷思（二）：
呢隻風有冇料到？

在氣象界，熱帶氣旋強度預報以棘手見稱。根據日本氣象廳的預報驗證，其強度預報的準確度於過去多年接近寸無長進，與路徑預報相比可謂「一個天，一個地」。

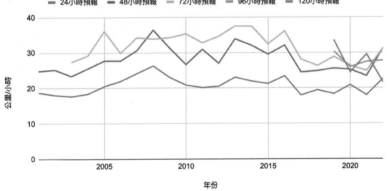

圖 1. 日本氣象廳 2001 至 2022 年強度預報驗證，可見準確度沒有明顯改善。圖片來源：日本氣象廳。

導致強度預報準確度低的原因有數個。首先，熱帶氣旋強度變化除了取決於外部環境，其內部結構亦舉足輕重。然而，在西北太平洋和南海，氣象機構通常只能靠衛星觀察熱帶氣旋。雖然衛星觀察頻率高，但始終「隔了一層」，無法全盤剖析熱帶氣旋核心結構。當我們連現今情況都無法完全掌握，預測自然像骨牌倒下一樣，也會伴隨更大誤差。

此外，氣象專家仍在探討一些熱帶氣旋結構變化的物理機制。以早前章節提及的眼壁置換為例，我們雖然對這個現象有大致理解，但還有不少充滿謎團的細節，例如觸發眼壁置換的因素、眼壁置換期間風力結構的實際變化等。電腦模式缺乏這些細節的理論基礎，就無法找出準確的運算方法，導致強度預報出現誤差。

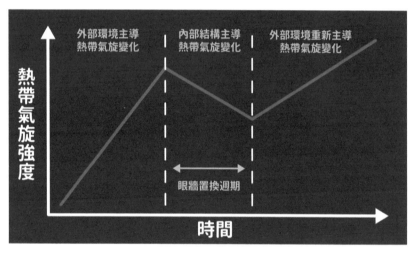

圖 2. 熱帶氣旋強度變化示意圖。眼壁置換期間，風力上落受內部因素主導，預測難度更高。

路徑與強度的相關性也值得留意。如果路徑預報出現誤差，熱帶氣旋便有機會身處與原先預測截然不同的環境，發展潛力自然會有差異。著名氣象學家 Kerry Emanuel 於 2016 年發表的研究指出，當預報時段超過四天，路徑預報的誤差便成為強度預報出錯的最主要原因。

遇上環流較細的熱帶氣旋時，這個問題更可能被放大。這些較為「細粒」的風暴對大氣環境的變化更敏感，強度上落可以相當快。承接早前章節的內容，只要路徑預報稍有誤差，一個熱帶氣旋鑽進垂直風切變較弱的洋面，在這個喘息空間便能夠整合結構，甚至快速加強。

在上一個章節，我們提及強度預報出現誤差時，熱帶氣旋就可能改受另一層面的氣流引導，導致路徑預報出現誤差。配合這個章節所言，不難發現路徑和強度是「藤揆瓜、瓜揆藤」，強度可以影響熱帶氣旋的路徑，而這個路徑差異亦可以進一步放大強度預報的誤差。

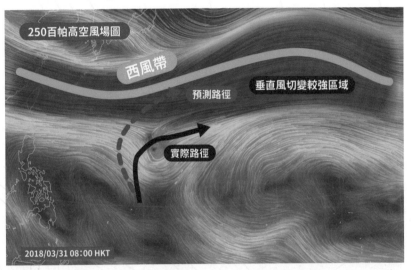

圖 3. 2018 年熱帶氣旋杰拉華實際路徑較預測南，距離西風帶主體較遠，因此未受強烈垂直風切變影響之餘，亦出現槽前爆發，氣象機構的強度預報誤差相當大。圖片來源：earth.nullschool.net。

雖然全球模式在路徑預報扮演主要角色，強度預報卻非它們的拿手本領。我們可以回想初中科學課使用的顯微鏡。假如放大倍數不足，我們就看不到細小的細菌和病毒。全球模式就像放大倍數不足的顯微鏡。由於它們預測範圍廣，為了減輕運算壓力，往往須犧牲解析度。因此，它們雖然對大尺度天氣系統有一定把握，卻無法精準剖析熱帶氣旋的內部結構，自然無法作出準確的強度預測。

有見及此，氣象學家研發了主力預測強度的工具，分別有颶風模式（hurricane model）、統計模式（statistical-dynamical model）和概率預報（probabilistic aid）。

強度預測工具	預測工具種類	強度預測工具	預測工具種類
HWRF[1]	颶風模式	COAMPS-TC	颶風模式
SHIPS、TIFS	統計模式	LGEM	統計模式
RIPA	概率預報	AI-RI	深度學習、概率預報

表 1. 主流強度預報工具概覽。

先談颶風模式。颶風模式是區域模式（regional model）的一種。顧名思義，區域模式只須集中預報一個區域，颶風模式則是以熱帶氣旋的範圍「劃界」。它們負責的預報空間較細，因此可以提高解像度，花更多精力專門預測個別風暴。就像放大倍數更高的顯微鏡一樣，颶風模式可以更仔細解析熱帶氣旋的內部結構，對強度預報能起正面作用。

圖 4. 颶風模式預測範圍示意圖，可見颶風模式以風暴為界作預測，預測範圍並不覆蓋全球。圖片來源：Digital Typhoon，由日本氣象廳的 Himawari-8 衛星拍攝。

1 HWRF 將於 2023 年下半年被新颶風模式 HAFS 取代。

當然，颶風模式也有其限制。當預報地點超出它們的負責範圍時，它們便須向全球模式「抄功課」。簡單來說，雖然它們能更精準模擬熱帶氣旋的結構變化，但外部環境（例如西風帶的位置）的預測仍取決於全球模式。如果全球模式對外部環境的預測出現誤差，影響熱帶氣旋發展速度的大氣條件便會起了變化，颶風模式亦會跟著出錯。

統計模式又是如何運作呢？它們會考慮一籃子因素，包括熱帶氣旋現況分析、全球模式對外部環境的預測、熱力條件和衛星資料，再應用統計學的迴歸分析，以過往案例為基礎，判斷這一連串因素加起來的時候，熱帶氣旋一般會發展至甚麼強度。

參考因素範疇	參考因素例子
熱帶氣旋現況分析	熱帶氣旋現時估算強度、過去 12 小時強度變化
全球模式外部環境預測	垂直風切變、高空輻散、大氣中層的相對濕度
熱力條件	海水表面溫度、海水熱含量
衛星資料	強對流佔熱帶氣旋整體環流的比例

表 2. 日本氣象廳使用的 TIFS（基於 SHIPS 改良的統計模式）所參考的因素概覽。

基於上表，不難理解統計模式的誤差來源。首先，在西北太平洋和南海，熱帶氣旋強度估算主要基於衛星分析。由於衛星分析不是百分百準確，統計模式的「起跑點」不時會出錯，甚至可能低估該風暴過往的發展趨勢，令隨後預報出現誤差。另外，和颶風模式一樣，統計模式的準確度，相當取決於全球模式能否成功捕捉外部環境的變化。

同樣值得留意的是，統計模式的基礎是迴歸分析，因此它給出來的預測數字會偏向樣本的中間值，容易忽略一些極端案例（outliers）。這令它們未必能捕捉一些特殊情況，特別是令氣象機構相當頭痛的風暴爆發增強和快速減弱。

針對這些特別個案，概率預報便能發揮作用。它們和統計模式一樣，建基於全球模式對外部環境的預測、熱帶氣旋現況分析等因素。可是，它們主要功能並非提供單一預測數字，而是估算不同程度的強度變化，或者眼壁置換等現象的發生概率。

概率預報的一個例子是快速增強預報（Rapid Intensification Prediction Aid，簡稱 RIPA）。RIPA 主力預測熱帶氣旋於未來 12 小時至 3 日發生快速增強，甚至爆發性增強的概率。當它給出的概率超過百分之四十時，氣象機構一般會打醒十二分精神，甚至作出較激進的強度預報。

近年，氣象專家開始嘗試應用深度學習，以彌補強度預報的不足。雖然我們知道熱帶氣旋的內部結構對強度變化有影響，但甚麼結構特徵有利發展、不同特徵對強度變化有多大影響、這些影響應該如何量化等問題，我們仍然沒有太大頭緒。透過人工智能，氣象專家希望可以找出蛛絲馬跡，從而得到這些問題的答案。

和路徑預報一樣，沒有一個強度預報工具會是常勝將軍，故此氣象機構會傾向參考不同工具的共識。然而，相比起全球模式「撐起一片天」的路徑預報，不同氣象機構所參考的強度預報工具有頗大差異。以美國聯合颱風預警中心為例，他們相當重視颱風模式和概率預報，近年甚至開始研發颱風模式的集成預報。相反，日本氣象廳傾向參考統計模式，較少參考概率預報。因此，不同氣象機構的強度預報，往往比路徑預報更容易有出入。

另一方面，強度預報不是將不同模式的結果打平均，便足夠「交功課」。以剛才提及的快速增強為例，假如 RIPA 訊號較強烈，預測便可能要傾向眾多工具中較激進的成員。根據 MET WARN 的經驗，強度的快速變化有時可謂一觸即發，來得相當突然。我們往往須金睛火眼，觀察熱帶氣旋的最新發展。當發現情況不符合工具預測的時候，強度預報就可能要亡羊補牢，快速地作主觀修正了。

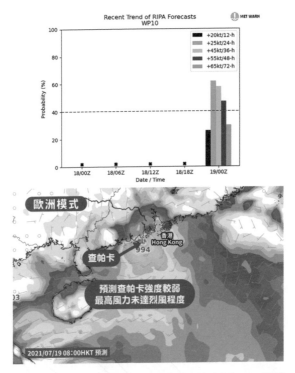

圖 5. 2021 年 7 月 19 日早上 8 時針對熱帶氣旋查帕卡的（上）RIPA 預測；（下）歐洲模式預測。RIPA 認為查帕卡一日內快速加強的概率接近六成，歐洲模式則預測查帕卡強度較弱。最終查帕卡一日內由熱帶風暴加強為颱風，天文台估算最高持續風速達每小時 120 公里。圖片及資料來源：（上）RAMMB；（下）ECMWF。

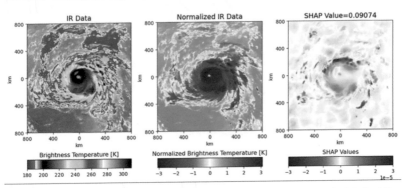

圖 6. AI-RI 可分析熱帶氣旋不同對流特徵的 SHAP 值，即它們各自對強度變化的貢獻。圖片所示為 2021 年吹襲美國路易斯安那州的熱帶氣旋 Ida。圖片來源：UW-CIMSS。

1.20
藤原效應：
雙颱風係咪特別勁？

西北太平洋是全球熱帶氣旋最活躍的區域，大氣環境許可的情況下，不時會有數個熱帶氣旋同時出現。當兩個熱帶氣旋距離較為接近時，則可能出現「藤原效應」（亦稱「雙颱風效應」或「相互作用」）。但凡聽到藤原效應或雙颱風，讀者便可能會覺得兩股風暴「一齊打埋嚟」特別強勁，事實又是否如此呢？

藤原效應早於 1920 年代由日本氣象學家藤原咲平發現。據他實驗和觀察所得，兩個距離頗近的氣旋會相互受到對方的影響，繼而沿著兩者中心呈氣旋性移動，並出現彼此接近及合併的趨勢。

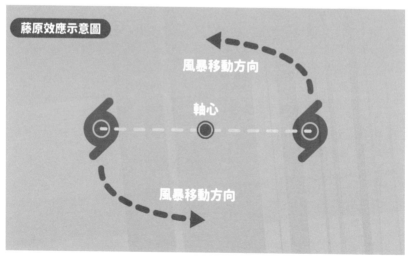

圖 1. 藤原效應示意圖。

至於如何定義「接近」呢？一般而言，當兩股熱帶氣旋相距約 1200 公里時，藤原效應便可能開始變得明顯。然而，兩股風暴的最終走向，還須視乎眾多因素，包括行星程度系統的位置和勢力範圍，以及風暴環流大小和強度，難以一概而論。

在藤原效應中，環流較大、強度較高的熱帶氣旋通常會佔主導，並影響環流較細、強度較弱一方的路徑，後者在某些個案更可能被吞併。2022 年熱帶氣旋軒嵐諾便是其中一例。軒嵐諾形成後，受副熱帶高壓脊南側的深厚東風引導，採取西至西南偏西的路徑。軒嵐諾活躍期間，南側有另一熱帶低氣壓發展，兩者產生藤原效應。強度達超強颱風級的軒嵐諾於兩者互動佔主導，熱帶低氣壓因而採取逆時針路徑移近軒嵐諾，最終更遭吞併。

從衛星雲圖可見，軒嵐諾本身細小緊密，但吞併熱帶低氣壓後環流有所擴大。惟根據氣象機構的強度估算，軒嵐諾巔峰出現在吞併熱帶低氣壓前。因此，即使藤原效應導致其中一個風暴被吞併，亦不代表兩者疊加起來會與風暴增強掛鈎。風暴強度變化還須視乎其他因素，包括垂直風切變的強度和熱帶氣旋的高空流出等。

圖 2. 軒嵐諾於 2022 年（左）8 月 31 日下午 4 時、（中）9 月 1 日凌晨 2 時及（右）9 月 1 日下午 4 時的紅外線衛星雲圖，顯示其熱帶低氣壓合併的過程。圖片來源：Digital Typhoon，由日本氣象廳的 Himawari-8 衛星拍攝。

除較常見的兩股熱帶氣旋相互影響外，西北太平洋有時更會出現更複雜的「三旋共舞」。以 2010 年 8 月下旬為例，熱帶氣旋獅子山率先在南海北部形成，翌日熱帶氣旋圓規在西北太平洋形成，隨後熱帶氣旋南川在台灣東北近海形成，三股熱帶氣旋同時活躍。

從路徑圖可見，獅子山移動不規則，出現「東轉北再轉西」的路徑，南川則於生成後便向西南移動。對比兩者路徑，可見它們均以逆時針方向靠近對方，但獅子山強度略勝一籌，因而於兩者互動佔主導，最後更吞併南川。相比之下，圓規生成後便穩定向西北移動。它與獅子山、南川的距離較遠，藤原效應似乎較不明顯。

當藤原效應發生時，熱帶氣旋的路徑會變得複雜，電腦模式往往無法準確拿捏，因此對預報員而言是一大挑戰。

圖 3. 2010 年熱帶氣旋獅子山、南川、圓規的路徑圖。資料來源：香港特別行政區政府香港天文台。

1.21
為何風暴遇上呂宋會轉彎？

2018 年熱帶氣旋山竹進入南海前，天文台曾於特別天氣提示指出山竹的路徑及中心風力有機會受呂宋地形影響而改變。呂宋到底是何方神聖？它為何能改變風暴的路徑和強度呢？

說起呂宋，對氣象或地理稍有認知的讀者應該會聯想起高山峻嶺。呂宋特別在於東西兩側各有一座山脈，「左右門神」之間由峽谷相隔。位於呂宋東側的是馬德雷山脈（Sierra Madre），最高點海拔約 1900 米；呂宋西岸則是中央山脈（Cordillera Central），海拔最高達 2900 米。

圖 1. 呂宋地形示意圖。

熱帶氣旋靠近呂宋時，會與其特殊地形產生互動，登陸前後的路徑均可能出現短期波動。有些氣象愛好者常說風暴登陸呂宋後路徑往往會偏西，這個說法並非完全沒有道理。根據天文台於《Tropical Cyclone Research and Review》2015年第4期發表的觀察研究，熱帶氣旋離開呂宋後，平均而言確實有往原先移動方向左側轉彎的傾向。由於熱帶氣旋通常採取西或西北的路徑登陸呂宋，向左轉彎代表它們的路徑會較原先偏西。

然而，這不代表每一個熱帶氣旋登陸呂宋後，其路徑必然會偏西。同一研究發現，如果風暴登陸呂宋前向左轉彎，出海後反而傾向往原先移動方向右側轉彎，即採取先西後北的路徑。相反，出海後路徑偏西的風暴，登陸前一般會先往右轉彎，則採取先北後西的路徑。至於熱帶氣旋登陸呂宋前會往哪一方向轉彎，研究未有發現統一結論，但指出風暴靠近呂宋時的移動方向、移動速度和強度都會構成影響。

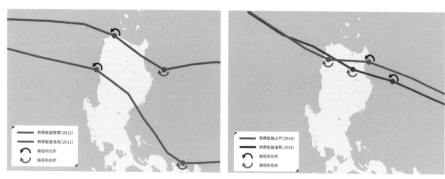

圖2. 熱帶氣旋登陸呂宋前後先向右轉彎，再向左轉彎（左）；先向左轉彎，再向右轉彎（右）。

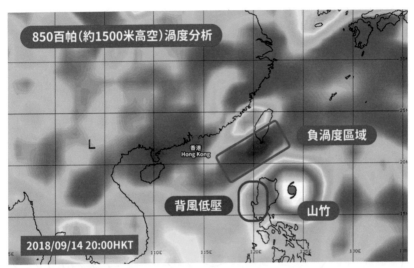

圖 3. 2018 年熱帶氣旋山竹登陸呂宋前的 850 百帕（約 1500 米高空）渦度分析，可見呂宋西岸、主中心西南側有背風低壓發展，巴士海峽則有負渦度區域。山竹隨後向左轉彎，登陸呂宋。圖片來源：UW-CIMSS。

呂宋影響熱帶氣旋路徑的原理可謂眾說紛紜。其中一個可能解釋是風暴靠近呂宋時，其氣流遇上高山會先被逼抬升，越過山頂後再向背風側下沉。這個現象會誘發另一低壓中心在背風面發展，學術上稱為背風低壓。熱帶氣旋的主中心與背風低壓會產生類似藤原效應的互動，令風暴登陸呂宋前出現轉彎甚至稍微加速的路徑波動。

和藤原效應一樣，熱帶氣旋會如何與背風低壓互動，取決於主中心與背風低壓的相對位置、兩個低壓中心的強弱等因素，難以一概而論。這也解釋了為甚麼一些風暴登陸前向左轉，另一些則向右轉。

相比路徑波動，呂宋對熱帶氣旋強度帶來的影響更為直接。風暴遇上高山時，其低層環流中心有機會被卡住，但高於山峰的中層和高層環流中心則可先行過山。這會破壞熱帶氣旋的垂直結構，就像頭、身、腳被扯斷一樣，令熱帶氣旋減弱。

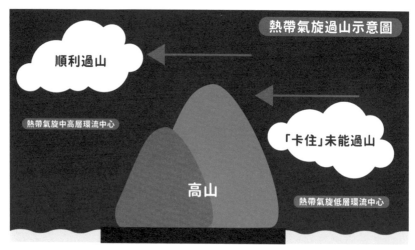

圖 4. 熱帶氣旋橫過呂宋受地形影響的示意圖。

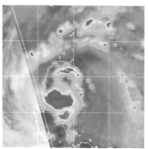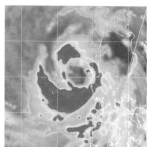

圖 5. 2010 年熱帶氣旋鮎魚登陸呂宋前後的結構變化，可見登陸前眼壁強烈而緊密（左）；橫過呂宋期間核心受破壞，強對流集中在中心南側（中）；出海後外圍雨帶捲出較大的新眼壁（右）。圖片來源：NRL。

較強的熱帶氣旋從呂宋出海後，往往會發展出較大和鬆散的新眼壁，甚至被一些氣象愛好者戲稱為「大爛眼」。風暴踏足呂宋後，先前強烈、緊密的眼壁會因地面摩擦力、與山脈相關的乾空氣捲入等因素而崩潰，核心附近的對流也會減弱。隨著風暴出海，位於核心外圍的螺旋雨帶會取得主導地位，捲出一個較大的新眼牆。

熱帶氣旋經過呂宋期間的結構變化，亦可能是它們出海後路徑出現短暫波動的原因。一方面，風暴需要重整它們的垂直結構。另一方面，由於氣流受山脈影響而被逼抬升和下沉，熱帶氣旋對流分布亦可能變得不對稱。隨着風暴擺脫山脈影響並重整對流結構，中心有機會稍作搖擺，甚至出現短暫減速的現象。

值得留意的是，呂宋對較強熱帶氣旋做成的破壞更明顯。相比之下，較弱熱帶氣旋的垂直結構本身未必成熟，對流分布亦可能不對稱，自然沒有甚麼「根基」可被高山推倒。

呂宋地形相當複雜，加上氣象學家未有全面的理論解釋，因此電腦模式難以完全模擬呂宋對熱帶氣旋的影響，這也是氣象機構習慣在風暴登陸呂宋前「睇定啲」的一大原因。

可是，這不代表電腦模式對呂宋一竅不通。以 2019 年熱帶氣旋丹娜絲為例，丹娜絲相當接近呂宋時，呂宋西岸有背風低壓發展，但風暴東北側亦有另一個低壓系統。最終，丹娜絲與東北側低壓系統的互動更明顯，採取偏北路徑移動，未有登陸呂宋；位於呂宋西岸的背風低壓則與丹娜絲分道揚鑣、單獨發展，甚至一度獲日本氣象廳升格為熱帶低氣壓。部分電腦模式成功捕捉主中心與背風低壓分裂的「劇本大綱」，但高估了背風低壓的發展幅度。從此案例可見，電腦模式雖然未能掌握全部細節，但未必是對呂宋地形影響毫無認知。

同樣值得強調的是，本章節覆蓋熱帶氣旋登陸呂宋前後的短期波動。有些風暴從呂宋出海確實出現「一路向西」的路徑，持續時間可接近一日。然而，隨着預報時段變長，熱帶氣旋路徑預報的誤差本身也會不斷放大。即使實際路徑較預期偏西，也不代表可以完全歸咎呂宋，亦要考慮其他因素，例如副熱帶高壓脊是否較預期偏強等。

總括而言，呂宋確實會對熱帶氣旋的路徑和強度帶來不少影響，稱得上預報員的一大煩惱。可是，讀者須留意地形影響不存在金科玉律，亦不是預報誤差的唯一來源。

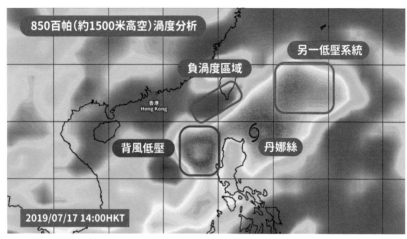

圖 6. 2019 年熱帶氣旋丹娜絲靠近呂宋時的 850 百帕渦度分析，可見呂宋西岸有背風低壓發展，巴士海峽則有負渦度區域，丹娜絲東北側同時有另一低壓系統活躍。圖片來源：UW-CIMSS。

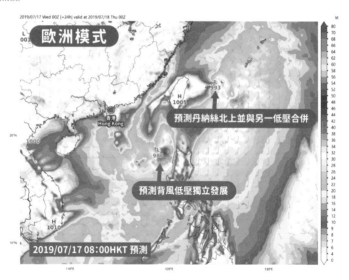

圖 7. 2019 年 7 月 17 日早上 8 時歐洲模式針對熱帶氣旋丹娜絲的預報，可見丹娜絲將北上並與其東北側低壓系統合併，位於呂宋西岸的背風低壓則會獨立發展。圖片來源：ECMWF。

1.22
2022 年馬鞍：
氣象界的 PTSD ？

2022 年 8 月，熱帶氣旋馬鞍襲港。馬鞍來襲前夕，部分電腦模式曾預計風暴
會非常接近珠江口，天文台的預測路徑更曾顯示馬鞍會「直搗馬鞍山」，在本
港登陸。天文台亦在九天天氣預報中預料本港將吹烈風，離岸及高地達 11 級
暴風，更形容馬鞍對本港構成相當威脅。

最終，馬鞍雖然帶來八號風球，但採取較預期偏西的路徑，帶來的風雨較預期
弱，八個參考測風站當中只有長洲吹烈風；風暴潮影響亦沒有預期般強，低窪
地區未有出現顯著水浸。

類似情況還有 2012 年熱帶氣旋啟德。啟德路徑同樣較預測偏西，對本港風雨
影響遜於早期預計。有氣象迷笑稱，馬鞍和啟德是氣象界的「PTSD」。到底為
甚麼這兩股風暴的預報會「炒車」？下文將簡單探討。

原因一：副熱帶高壓脊的強度和形態

由於主導馬鞍的副熱帶高壓脊強度較預期強，加上向南伸展的幅度未如電腦模
式明顯。在副高南側的偏東風引導下，馬鞍便採取較偏西的路徑。翻查歐洲電
腦模式集成預報，亦可見馬鞍進入南海後一直採取較主流成員預測偏西的路
徑。

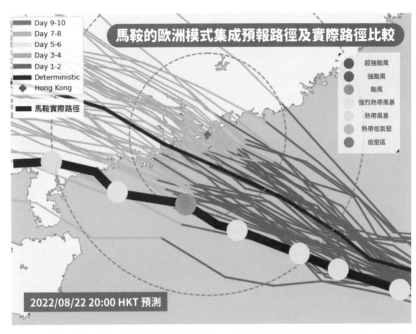

圖 1. 馬鞍歐洲模式集成預報與實際路徑比較,可見馬鞍最終路徑幾乎位於集成預報西端。資料來源:香港特別行政區政府香港天文台。

原因二:角度問題?

對於影響華南沿岸的風暴而言,角度問題亦會放大預測失誤導致的風雨落差。馬鞍生命週期主要採取西北偏西路徑移動,與華南沿岸海岸線形成一個狹窄的斜角。在這種情況下,即使路徑只比預期偏西約 10 度,路徑已可以由原先移向珠江口變成登陸海南島了。

另外,馬鞍本身並非環流廣闊的風暴,烈風半徑範圍約為 200 公里。即使馬鞍的路徑只出現少許偏差,大風區便會明顯偏離本港,整體風力亦會有較大落差。

圖 2. 馬鞍的歐洲電腦模式在 2022 年 8 月 21 日的預測路徑及最終實際路徑對比。資料來源：歐洲中期預報中心、香港特別行政區政府香港天文台 2022 年《熱帶氣旋年刊》。

原因三：南亞高壓「切切切」？

如果讀者們仍有印象，或會記得馬鞍襲港時以吹「乾風」為主，未有帶來顯著降雨；八號風球生效期間，天文台亦沒有發出任何暴雨警告信號。只因馬鞍進入南海北部時，南亞高壓正處東部型，其高層東北風造成較強垂直風切變，導致馬鞍結構隨高度往西南傾斜，強對流亦被切離至集中於風暴西南側。

根據澳洲氣象局於 1996 年發表的研究，熱帶氣旋遇上強烈垂直風切變時，低層中心有機會被「扯向」強對流側。由於馬鞍北側缺乏強對流，這也許解釋了為何其路徑較預期偏西。然而，影響風暴路徑的因素並非只有內部結構，剛才提及的副熱帶高壓脊亦舉足輕重，因此難以斷言強對流偏離中心對路徑的影響多寡。

原因四：呂宋地形影響？

馬鞍進入南海前曾登陸呂宋。如上一章節所言，熱帶氣旋通過呂宋前後，路徑有機會出現短期波動。馬鞍亦呈現先北後西的路徑，進入南海後一度向左拐。

然而，馬鞍偏西路徑亦不能百份百歸咎於呂宋。上一章節亦有提及，呂宋地形會否對熱帶氣旋路徑做成更長期的影響，其實未有確實定案。因此，以上分析或與部分氣象迷「次次撞完呂宋都偏西」的理解稍有出入。

1.23
經典颱風山竹：
三十五年來最強十號風球

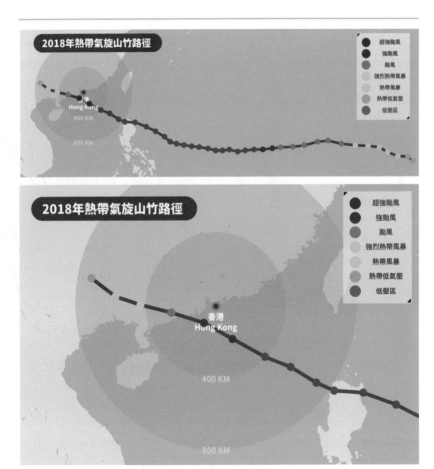

圖 1. 2018 年熱帶氣旋山竹的路徑圖。資料來源：香港特別行政區政府香港天文台。

那年一八，山竹襲港

談到 2018 年天氣大事，大家最印象深刻的是甚麼呢？相信很多人都會回想起山竹風災。

熱帶氣旋山竹於當年 9 月上旬在西北太平洋上形成。鑑於各大電腦模式就山竹的路徑預測相當穩定，加上其強度高、環流大，對華南沿岸構成嚴重威脅，因而引起廣泛關注。

山竹襲港前數天，其實有另一熱帶氣旋百里嘉正在影響本港，但當時全港已嚴陣以待迎戰山竹，官民雙方均罕有地預先提早接近一星期便準備防風措施。早於 9 月 12 日，保安局便聯同天文台、民政事務處等部門舉行跨部門會議，商討應對山竹的計劃。天文台亦指山竹風力強勁、環流廣闊，預料有機會為本港帶來惡劣天氣和風暴潮。

最終，山竹在 9 月 16 日（當日亦是另一個帶來十號颶風信號的熱帶氣旋約克襲港 19 週年）正面吹襲珠江口，天文台連續兩年須發出十號風球，為 56 年來首次。山竹帶來具破壞性的颶風和有紀錄以來最嚴重風暴潮，災情廣泛且嚴重。按風力計算，山竹更是 35 年來最強十號風球。

穩定趨向珠江口以西

天文台於 9 月 14 日晚上發出一號戒備信號，當時山竹仍位於呂宋以東，與本港距離遠達 1110 公里，是發出熱帶氣旋警告信號時風暴距離香港最遠的一次。

發出一號戒備信號前的當日日間，政府舉行跨部門會議記者會，期間時任天文台助理台長鄭楚明表示 9 月 16 日發出八號烈風或暴風信號的機會相當高，同時指不能排除發出九號及十號信號的可能性。天文台於未有任何熱帶氣旋警告

信號生效時，便向公眾交代八號或以上信號的機會，可謂是接近史無前例。天文台於當日下午的九天天氣預報亦相當進取，預測星期日會吹 10 至 11 級東南暴風，離岸海域及高地風力更達 12 級颶風。

9 月 15 日凌晨，山竹以巔峰強度登陸呂宋東北部。受地形影響，山竹橫過呂宋期間路徑出現偏西波動，強度亦有所減弱，但出海時仍維持超強颱風強度。

隨著山竹穩定逼近珠江口以西一帶，天文台在當日下午改發三號強風信號，更表示午夜時分本港天氣急速轉壞，屆時將改發八號烈風或暴風信號。天文台同時警告山竹會帶來風暴潮，維多利亞港的海水高度會較正常升高約兩米，低窪地區可能出現嚴重水浸。

踏入 9 月 16 日，天文台在凌晨改發八號東北烈風或暴風信號。日出後，離岸海域開始受暴風影響。由於預料本港風力會顯著增強，天文台於上午 7 時 40 分改發九號烈風或暴風風力增強信號。此時，山竹稍稍減弱為強颱風，距離本港尚有約 200 公里，天文台隨即表示會視乎風力變化考慮會否改發十號颶風信號。

圖2. 香港各區在2018年9月16日錄得的最高持續風速（單位為公里每小時）。數據來源：香港特別行政區政府香港天文台 2018 年《熱帶氣旋年刊》、Royal Meteorological Society《Weather》期刊 2022 年 9 月號。

隨著本港近海平面測風站開始錄得颶風，天文台最終於上午 9 時 40 分發出十號颶風信號，維持 10 小時，為二次世界大戰後第二長，僅次於約克 11 小時的紀錄。山竹最接近本港時，距離天文台總部約 100 公里，亦與 2012 年熱帶氣旋韋森特並列最遠十號颶風信號紀錄。

風力驚人

山竹襲港期間，不少測風站錄得的風力為 1983 年熱帶氣旋愛倫以來最高，廣泛地區長時間受具破壞性的風力吹襲。以最高 10 分鐘平均風力計算，八個參考測風站中，長洲和西貢均錄得颶風；位於維多利亞港的北角測風站亦錄得每小時 124 公里的最高持續風速，為愛倫以來港內首次錄得颶風。

離岸海域風力則更猛烈。橫瀾島最高持續風速高達每小時 180 公里，天文台在 2018 年的《熱帶氣旋年刊》中亦指出，測試中的清水灣測風站更錄得每小時 191 公里的最高持續風速[1]，相信是本港 1980 年代於各區開設自動氣象站以來，近海平面風力的最高紀錄。

破紀錄風暴潮

山竹亦打破本港風暴潮紀錄。以風暴導致的水位增高計算，天文台六個潮汐站中有五個（鰂魚涌、大埔滘、尖鼻咀、大廟灣及石壁）錄得破紀錄風暴潮，剩下的橫瀾島潮汐站則被吹毀而數據不完整，未能見證最高潮位可能出現的一刻。

---

1 如早前章節所言，清水灣測風站地形複雜，測得風速不能直接參考。天文台估算山竹最接近本港時的最高持續風速為每小時 175 公里。

隨著山竹接近，香港水位在9月16日早上開始上漲。中午過後本港轉吹偏東風，海水進一步推至沿岸地區。位於海灣內的吐露港水位在中午左右升至最高，達海圖基準面以上 4.71 米，較天文潮高度高 3.4 米。維多利亞港方面，鰂魚涌海水高度亦於下午上升至海圖基準面以上 3.88 米，與 1962 年熱帶氣旋溫黛 3.96 米的歷史紀錄相差數厘米，與天文潮高度相比則升高了 2.35 米。

另一水浸黑點大澳的水位上升時間則較本港東部晚數小時。大澳海水高度在當日下午 5 時前上升至海圖基準面以上 3.86 米，比天文潮升高了 2.44 米，與 2017 年熱帶氣旋天鴿襲港期間錄得的水位相若。

其他地區方面，本港普遍地區海水高度上升至海圖基準面以上 3.5 米或更高，對比天文潮升高了 2 至 3 米。值得一提的是，山竹襲港當日並非正值天文大潮，但海水高度仍然超越了於天文大潮期間吹襲的天鴿。假如山竹襲港當日屬天文大潮，水位會再升高 1 米或以上，即表示吐露港和維多利亞港海水高度會分別上升至海圖基準面以上近 6 米和 5 米，破壞力將難以想像。

潮汐站	最高潮位（海圖基準面以上；米）	錄得時間	最大風暴潮（米）	錄得時間
鰂魚涌	3.88	14:42	2.35	14:42
石壁	3.89	14:16	2.34	14:16
大廟灣 *	4.19	13:41	2.71	13:41
大埔滘	4.71	12:34	3.40	12:34
尖鼻咀	4.18	17:14	2.58	17:21

表 1. 本港各潮汐站在 2018 年 9 月 16 日錄得的最高潮位和最大風暴潮。數據來源：香港特別行政區政府香港天文台風暴潮記錄資料庫。
* 數據不完整。

明日之後，滿目瘡痍

山竹登陸廣東西部後遠離並減弱消散，本港市面經山竹蹂躪後一片狼藉，部分地區災情尤其嚴重，恍如「明日之後」的畫面。2017 年遭天鴿大肆破壞的杏花邨、鯉魚門、將軍澳和大澳等地，才剛從天鴿一役恢復過來，便遭到有紀錄以來最嚴重風暴潮再度破壞。

另外，山竹襲港翌日，市民「攀山越嶺」上班的畫面，相信對不少人而言仍記憶猶新。大部分路面交通至少需時兩日至一星期不等才完全恢復。

相比起近年的十號風球，山竹破壞程度遠遠超越約克、韋森特和天鴿，直迫 1983 年的愛倫。山竹襲港造成最少 458 人受傷，為近年最多。另外，本港有超過 60000 宗樹木倒塌報告，數目為天鴿 20 倍。風暴潮及大雨影響下，另有至少 45 宗水浸報告和一宗山泥傾瀉報告。山竹亦導致超過 40000 戶停電，風暴造成的總財產損失至少達 73 億港元，部分災區在山竹襲港後仍未能復原。所幸的是，根據官方資訊，山竹未有造成任何死亡。

圖 3. 山竹（左）和天鴿（右）襲港後在將軍澳海濱長廊同一位置拍攝的照片，可見山竹帶來的破壞更為嚴重。鳴謝 Bowie Wong 提供右圖。

山竹的出現給予香港普羅大眾一個啟示：全球氣候變化下，極端天氣事件日益
增加，我們不能排除超越山竹強度的熱帶氣旋未來吹襲香港的可能。香港不會
一直是大家眼中的「福地」，打風亦不代表一日額外假期，而可能是隨之而來
的災難。

圖 4. 山竹的猛烈颶風導致紅磡海濱廣場玻璃外牆破裂。

圖 5. 山竹吹襲下多處樹木倒塌，阻礙交通。

1.24
經典颱風山竹：
追風手記

紅磡碼頭，氣象迷一般簡稱為「紅碼」。該處一向對東至東南風頗敏感，每逢遇上「西登」熱帶氣旋時，紅碼風力通常比起毗鄰的啟德及天星碼頭高，因此，紅碼一向受氣象迷青睞，可說是「實踐派」氣象迷的「必修課」。

經歷山竹蹂躪，紅碼損毀頗為嚴重。被視為紅碼標誌，屹立在岸邊的三棵大樹經歷了眾多風暴，樹身日漸傾斜，惟在約克、韋森特和天鴿等十號風球洗禮下仍未倒下。然而，這個標誌最終也敵不過山竹的威力，其中一棵樹被連根拔起。

MET WARN 成員於 2018 年 9 月 16 日約早上 10 時抵達紅碼，此時天文台剛發出十號風球。我們逗留不足一小時，便錄得高達每小時 146 公里、達颶風程度的陣風。由於風勢迅速增強，加上水位上升，逼使我們於 11 時許撤離至鄰近公廁暫避。根據其他氣象愛好者到場追風時所錄得的數據，紅碼陣風一度超過每小時 160 公里。

中午至下午初時，紅碼風勢達至巔峰，巴士總站部分站牌被吹至飛脫，有碎片跌入公廁內，更有一輛小巴被吹至翻側。紅磡海濱廣場的玻璃窗近乎全數損毀，粉碎聲此起彼落。碼頭設施亦開始抵受不住狂風吹襲，部分架於碼頭上蓋的鐵皮被吹走。風暴掀起的巨浪不斷拍打堤岸，造成不少破壞，有部分地磚鬆脫。

即使當時我們處於室內，仍感受到陣陣強風。在暴雨夾雜海水影響下，公廁內部牆身甚至出現油髹剝落的情況。

下午 3 時前後，風勢有輕微緩和跡象，MET WARN 駐外人員決定撤離。在資深氣象愛好者的帶領下，我們安全返回黃埔市區。

黃埔一帶主要幹道塌樹情況十分嚴重，不少道路被塌樹完全覆蓋。山竹的威力於黃埔市中心隨處可見，路牌、玻璃碎片及雜物散落街道。此外，受大雨影響，港鐵亦停止了大部分扶手電梯運作，站內部分與商場連接的出口更出現嚴重漏水。

當年應考公開試，past paper 做個不停，看到其中一屆中文科作文試題為「颱風襲港下的街頭景象」，瞬間倦意全消。回想起來，山竹正正寫下一篇5**範文。

在紅磡碼頭的短短數小時，我們親身感受到山竹的風浪，以及市面「明日之後」般的破壞，這些畫面恍如重新提醒香港人，打風，真的不是一天額外假期！

圖 1. 受山竹猛烈颶風及風暴潮的蹂躪下，紅磡碼頭一帶嚴重水浸，當時 MET WARN 成員需要撤離至附近的公廁暫避。

圖 2. 受山竹颶風影響，黃埔市中心受損嚴重。

1.25
2021 年獅子山：
最遠八號風球

2021 年 10 月，熱帶氣旋獅子山襲港，香港出現大而持續的降雨，天文台一度發出黑色暴雨警告信號。雖然獅子山最接近本港時距離遠達 490 公里，但天文台仍須發出八號烈風或暴風信號，成為 1961 年以來最遠八號風球。這部分，我們會回顧獅子山帶來的風風雨雨。

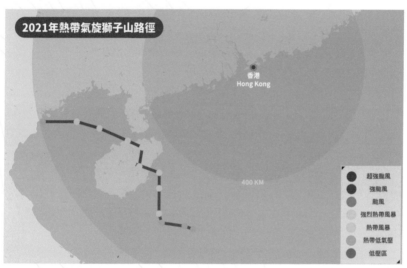

圖 1. 2021 年熱帶氣旋獅子山路徑。資料來源：香港特別行政區政府香港天文台。

破紀錄十月暴雨

獅子山源於季風低壓，環流廣闊，外圍雨帶分布不均，東北側發展旺盛。由於

獅子山位於本港西南方且移動緩慢，本港持續受其東北側環流影響，風雨較大。

獅子山於南海形成前，東北季候風已開始影響華南沿岸，天文台於 10 月 6 日晚上首先發出強烈季候風信號。其後，東北季候風與獅子山相關的暖濕偏南氣流匯聚，誘發雨區發展。因此，自 10 月 7 日晚間起，本港便受持續及廣闊的雨帶影響。當晚強烈季候風信號仍然生效期間，天文台亦一度發出黃色暴雨警告信號。

隨著獅子山增強，天文台於 10 月 8 日早上 4 時 40 分直接發出三號強風信號，黃雨同時維持。當日早上本港雨勢加強，三號風球與黃雨同時生效期間，戶外體感較只有單一警告生效時惡劣，多區橫風橫雨。跑馬地樂活道一幅 100 乘 150 米的巨型棚架更在狂風暴雨中倒塌，有途經車輛被困，不幸造成一死兩傷。

正午時分前，天文台先後發出紅色及黑色暴雨警告信號，為 2016 年熱帶氣旋莎莉嘉後歷年第二個在 10 月發出的黑雨。暴雨期間，港島北部及九龍南等部分地區出現嚴重水浸。

隨著雨帶稍為減弱，黑雨維持一小時後天文台改發紅雨，及後於黃昏改發黃雨，並於當晚 7 時許取消所有暴雨警告信號。暴雨警告信號總生效時數為系統設立以來第二長，達 20 小時 5 分鐘。

10 月 8 日全日連綿不斷的大雨期間，天文台總部共錄得 329.7 毫米雨量，不單刷新 10 月最高單日雨量紀錄，同時亦打入歷來最高單日雨量排行的第八位。

為何獅子山在 10 月 8 日能帶來如此極端的大雨？除了近地面有東北季候風「助攻」外，當時華南沿岸位處太平洋高壓脊邊緣。獅子山引進的偏南氣流持續與高壓脊相關的東風匯聚，兩者在大氣低層的輻合區正好落在珠江口附近，進一步加強雨區發展。

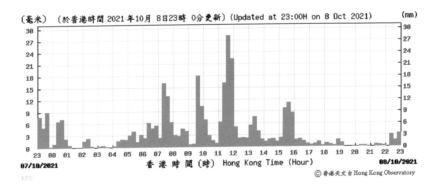

圖 2. 京士柏於 2021 年 10 月 7 日晚上 11 時至 10 月 8 日晚上 11 時的每小時雨量數據。
圖片來源:香港特別行政區政府香港天文台。

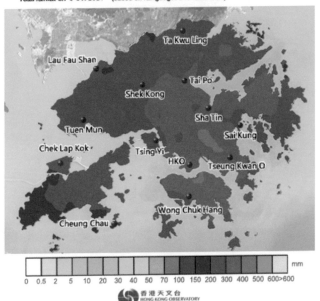

圖 3. 2021 年 10 月 8 日雨量分布圖,廣泛地區雨量超過 200 毫米,部分地區更超過 300
毫米。圖片來源:香港特別行政區政府香港天文台。

圖 4. 2021 年 10 月 8 日早上 8 時的 850 百帕（約 1500 米高空）天氣圖，可見與獅子山相關的偏南氣流與高壓脊東風在珠江口附近匯聚，帶來連場大雨。圖片來源：韓國氣象廳。

最遠八號風球

10 月 8 日晚間，本港雨勢雖然減弱，風勢卻有跡象進一步增強，部分電腦模式更預計本港最大風時段為翌日日間。即使獅子山午夜後在海南島登陸，本港普遍風力卻繼續上揚，長洲在沒有雨帶掃過下開始持續錄得 9 級烈風，昂坪等西南部高地更持續吹暴風，本港東北面的大美督亦開始錄得烈風。

由於本港風力有跡象進一步增強，天文台於 10 月 9 日上午 4 時 40 分發出預警八號熱帶氣旋警告信號特別報告，並在兩小時後改發八號東南烈風或暴風信號。獅子山既是 2021 年首個八號風球，亦是歷來第四遲發出的全年首個八號風球。天文台發出八號風球時，獅子山與本港距離遠達 550 公里，是自 1961 年以來距離最遠而須發出八號風球的熱帶氣旋，亦是天文台首次對位於本港 500 公里範圍外的熱帶氣旋發出八號風球。

天文台最初表示八號風球會在上午維持一段時間。然而，本港風力居高不下，當日中午過後本港更再次受獅子山的強雨帶影響，多處有暴雨且風力急升，西南部風力一度達暴風程度，昂坪更錄得颶風。由於與獅子山相關的雨帶不時來襲，本港部分地區風力維持在烈風水平，令天文台遲遲未能「落波」。八號東南烈風或暴風信號最終維持 22 小時，打破最長八號東南烈風或暴風信號的紀錄。

獅子山吹襲期間，八個參考測風站中長洲錄得暴風，機場錄得烈風，西貢、啟德及流浮山則錄得強風。維多利亞港內風力亦達 7 級強風，陣風達暴風程度。全港共有十個測風站錄得烈風或以上風力。

獅子山帶來突如其來的烈風，天文台亦多次推遲落波時間。根據 MET WARN 歸納，獅子山是相當特殊的個案，「豬腰」等天文台基於過往案例建立的預測工具可謂毫無用武之地。另外，獅子山帶來的大風與雨帶相關，但雨帶發展隨機，電腦模式往往無法準確拿捏。最終，本港風力變化及烈風的持續時間遠超電腦模式預期，造就了獅子山成為一些氣象愛好者眼中難忘的風暴。

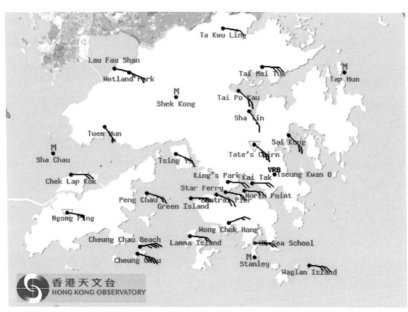

圖 5. 2021 年 10 月 9 日早上 4 時本港風羽圖，當時西南部吹烈風，高地吹暴風。圖片來源：香港特別行政區政府香港天文台。

圖 6. 獅子山吹襲期間曾錄得烈風或以上風速的測風站。資料來源：香港特別行政區政府香港天文台於 2021 年 10 月發表的天氣隨筆《「獅子山」下風雨同路》。

1.26

在獅子山之後：
推動多災種基於影響預報

2021 年熱帶氣旋獅子山襲港，10 月 8 日早上黃色暴雨警告信號、三號強風信號同時生效時，各區情況惡劣，一名女工不幸於跑馬地棚架倒塌意外中身亡，大眾紛紛質疑天文台是否應更早發出更高級別的暴雨警告信號和熱帶氣旋警告信號。

意外發生當日早上，除了三號風球和黃雨外，山泥傾瀉警告、新界北部水浸特別報告亦相繼發出。多個警告同時生效、惡劣天氣「共同影響」下，普羅大眾面臨的威脅較熱帶氣旋「吹乾風」或單純暴雨來襲時明顯。縱使按當日早上風勢判斷，只有離岸、高地間中吹烈風，維持三號風球並無不妥；當日雨勢亦確實於中午前進一步加強且達到頂峰，天文台發出紅雨和黑雨甚至已預留現今科技容許的「預警時間」。然而，三號風球疊加暴雨下外出上班上學，體感毫無疑問比平時只有三號風球或黃雨的情況更惡劣，市民怨聲載道也是在所難免。

現今世代，即使世界各地氣象機構對災害（hazard）作出充分預警，惡劣天氣對人命財產造成損害仍然難以完全避免。除了不同社會基建對氣象災害堅韌性（resilience）有差異外，傳統天氣預報亦只就未來可能發生的天氣情況作出警示，令政府部門及民眾對氣象災害存在不少「認知落差」。

世界氣象組織於 2021 年發表《WMO Guidelines on Multi-hazard Impact-based Forecast and Warning Services》一文，當中列出關於「多災種基於影響預報」（multi-hazard impact-based forecasting）的指引，旨在應對上文提及的認知落差。根據指引，「多災種基於影響預報」會將人命財產對災害的暴露度

（exposure）和脆弱性（vulnerability）列入考慮之列。氣象部門須與其他政府部門合作，互相交流數據、資料並制定預警機制，務求令社會不只知道天氣將會是怎樣（what the weather will be），亦理解天氣將會造成甚麼影響（what the weather will do）。

天氣預報種類	考慮因素	世界氣象組織指引所列例子
傳統預報	氣象條件	預料今日或出現強烈雷暴，伴隨逾每小時 60 英里（約每小時 97 公里）的陣風。
基於影響預報	氣象條件、脆弱性	伴隨逾每小時 60 英里陣風的強烈雷暴預料會對樹木和電纜造成損害。
	氣象條件、脆弱性、暴露度	強烈雷暴影響下，大型樹木有導致電纜倒塌且堵塞道路的風險，英國倫敦肯辛頓一帶有機會出現嚴重交通擠塞。

表 1. 傳統預報與基於影響預報的對比。

在多災種基於影響預報中，暴露度的考量為可能受災害影響的人與物。時間和地理位置都會影響暴露度。以上述獅子山的個案為例，「橫風橫雨」正好出現在上班上學時間，相比凌晨時分自然有更多人暴露於災害中。

即使人與物受暴露，亦不代表他們脆弱，因此暴露度只是災害造成影響的必要條件，而非充分條件。脆弱性須視乎特定情況，考慮因素可包括社區人口結構、基建強弱等，以判斷受暴露的人與物是否容易受災害影響。

我們可以分析英國氣象局的預警機制，進一步理解多災種基於影響預報的運作。當局目前運用風險矩陣（risk matrix）設立警報級別。氣象局會與災害管

理人員和社區共同合作，綜合以往惡劣天氣事件的影響數據，並根據實際和具體情況，分出黃、橙、紅三個級別的警報：

○ 黃色警報代表天氣事件可能造成較輕微影響；

○ 橙色警報代表天氣事件可能開始影響民眾計劃；

○ 紅色警報代表天氣事件可能對人命財產、基礎建設造成嚴重且廣泛的影響和破壞。

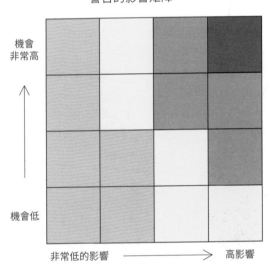

警告的影響矩陣

機會
非常高

機會低

非常低的影響 ⟶ 高影響

圖 1. 警告影響矩陣圖表。 資料來源：英國氣象局。

當局亦開發了一套「車輛翻側模式」（Vehicle OverTurning Model），綜合陣風風力和風向、陣風出現的概率、暴露度和脆弱性等數據，以估計英國道路在大風下車輛翻側而導致道路癱瘓的風險。

模式當中的脆弱性有四項參考指標：

　　1. 每段長兩公里或以內的路段之平均海拔；

　　2. 每段長兩公里或以內的路段之行車道路數目；

3. 相關基建的性質（如：基建屬於大橋還是隧道等種類）；
4. 相關道路方位是否對應預測風向。

暴露度則建基於全年日均車流量數據，從而得出潛在受災路段於不同預測時間的車輪數目，以及車輪種類和車流隨著災害程度上升的變化。

香港當局於近年亦開始推動多災種基於影響預報的發展，其中一個例子是「我的天文台」應用程式近年在「定點降雨及閃電預報」新增的行車速度圖層服務。除了可以從定點降雨及閃電預報中掌握指定地點未來一兩小時的天氣變化外，新功能亦協助用戶理解這些天氣變化對路面交通的影響。

獅子山一役亦暴露熱帶氣旋帶來的強風和長時間暴雨可帶來不容忽視的共同影響。及後，天文台於 2022 年 6 月 29 日在其網站「最新消息」一欄宣布加強熱帶氣旋服務，其中包括監察及預測有關熱帶氣旋和長時間暴雨的共同影響。當預計出現顯著風雨共同影響時，天文台會透過熱帶氣旋警報以及傳媒簡報會，向市民發布相關信息，讓公眾及早採取預防措施。

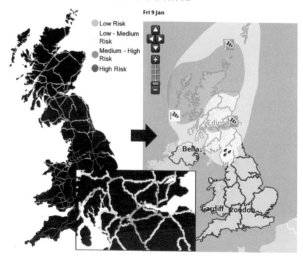

圖 2. 車輛翻側模式示意圖。圖片來源：英國氣象局。

1.27
2022 年尼格：
相隔半世紀的深秋傳奇

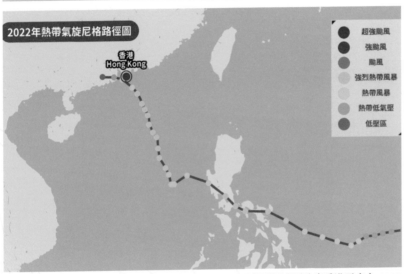

圖 1. 2022 年熱帶氣旋尼格的路徑圖。資料來源：香港特別行政區政府香港天文台 2022 年《熱帶氣旋年刊》。

尼格，絕對是一個「深秋傳奇」。

2022 年 10 月下旬，尼格在菲律賓以東海域生成。尼格由生成前夕到進入南海後的動向一直不明朗，由最初進入南海「彈出」到日本，再由日本「彈回」南海。最終，尼格在香港天文台西南偏南約 40 公里掠過，為本港帶來戰後第三個、半世紀以來第一個在十一月發出的八號烈風或暴風信號。尼格吹襲期間，本港部分地區吹烈風，離岸及高地風力間中達暴風程度。

尼格形成初期，大氣環境正處調整週期，西風槽、副熱帶高壓的強度和勢力範圍，以及尼格中心整合位置只要有些微變化，已可以令電腦模式出現較大誤差。最終，由於西風槽強度較預期弱，加上尼格中心整合位置偏南，風暴採取西北偏西路徑橫過菲律賓，於 10 月 30 日進入本港 800 公里範圍，天文台隨即發出一號戒備信號。

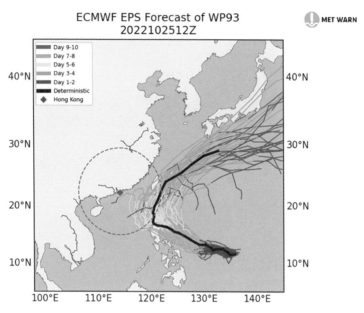

圖 2. 2022 年 10 月 25 晚上 8 時歐洲模式集成預報，可見當時預測尼格會在菲律賓附近轉向。

尼格進入南海後，副高受西風槽打擊分裂為東、西兩環，尼格被「夾」在兩者之間而移動緩慢，以每小時 10 公里的速度靠近廣東沿岸。受其廣闊環流和東北季候風的共同影響，本港風力加強，天文台在 10 月 31 日下午發出三號強風信號，當日和 11 月 1 日本港普遍吹偏北強風，高地達烈風，原先假昂坪舉行的「追星盛事」叱咤樂壇流行榜頒獎典禮記者會更須延期。

尼格環流廣闊，雖然受東北季候風乾冷空氣和較低海溫影響，靠近廣東沿岸時有所減弱、環流「縮水」，但被「陰乾」的速度不如其他深秋風暴急速。同時，尼格一直採取偏北路徑，電腦模式亦不斷將預測路徑向北調整，更預計本港有機會受烈風威脅。因此，天文台在 11 月 1 日下午表示會在翌日日間考慮改發八號烈風或暴風信號。

11 月 2 日早上，隨著尼格強度逐步減弱，環流縮小，本港風力不升反跌；加上電腦模式預測在南海北部開始的西折遲遲未有出現，因此本港天氣改受背景風力主導，普遍吹和緩程度北至西北風。然而，路徑偏北亦代表尼格較預測更接近香港，因此天文台仍在當日下午 1 時 40 分改發八號西北烈風或暴風信號。

改發八號信號後，本港當日下午風力未見明顯增強。隨著尼格進一步移近珠江口，入夜後本港轉吹東北風，並開始受尼格中心附近的烈風影響，各區風力明顯增強，進入「戲玉」。天文台於晚上 8 時 40 分改發八號東北烈風或暴風信號，不久後部分地區便開始吹烈風，離岸及高地間中達暴風程度。尼格中心附近的雨帶亦影響本港，令天文台發出歷來第二個 11 月的黃色暴雨警告信號。

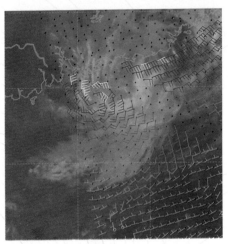

圖 3. 2022 年 11 月 2 日晚上約 9 時的風場掃描，可見尼格中心北側仍有烈風（以黃色所示）。圖片來源：NRL。

八號風球最終生效超過 15 小時。以八號信號「封頂」的個案計算，這次八號信號是 1931 年確立現有四個方向烈風或暴風信號的系統以來，首次由西北轉為東北信號（當中不計算曾改發九號或以上風球的熱帶氣旋），更是二戰後首次於 11 月發出八號西北信號，尼格傳奇程度可見一斑。

圖 4. 尼格影響下本港各區錄得的最高每小時平均風速（單位為公里每小時）。資料來源：香港特別行政區政府香港天文台 2022 年《熱帶氣旋年刊》。

圖 5. 尼格接近香港時的路徑。資料來源：香港特別行政區政府香港天文台 2022 年《熱帶氣旋年刊》。

尼格背後的故事：與 COVID-19 戰鬥

2022 年熱帶氣旋尼格環流龐大，移動緩慢。MET WARN 由尼格生成至所有風球除下期間，用了超過一星期時間緊貼風暴最新動態，更連續三晚進行直播，工作量可以說是相當大。

有些讀者看到 MET WARN 深夜作出更新時，可能會好奇我們是否不眠不休的鐵人。其實我們其中一位成員居於北美，香港時間深夜正是當地時間下午，令我們可以用接力的方法，無間斷作出更新。

尼格生成之際，上天卻開了個玩笑。這位成員於 10 月 27 日患上 COVID-19，經歷了咳嗽、發冷、肌肉痛的數天。氣象愛好者激烈辯論尼格橫過呂宋後會轉向東北移動，還是繼續靠近華南沿岸的時候，這位成員卻是臥在病床上。

所幸的是，他的病情較快好轉。尼格於 10 月 30 日進入南海後，他開始有足夠精力留意風暴的最新走向，更協助撰寫了首兩天（10 月 31 日和 11 月 1 日）直播的稿件。他於 11 月 1 日變為「單線」，尼格隨後相當接近香港，為我們帶來 50 年來首次 11 月的八號風球。

由於直播須於香港時間晚上 10 點半左右「出街」，這位要顧及現實工作的北美成員需要提早起床，確保稿件能準時完成。對未完全康復的他來說，連續幾天早起說得上是一種煎熬。另一方面，對比數日完工的馬鞍，北美成員「雙線」五天期間，尼格居然還未上岸，令他笑說「病好都未上到八號」。天文台在香港時間 11 月 3 日早上 6 時 20 分除下所有風球的時候，協助更新此消息的北美成員不禁在現實中「Yeah」了一聲，向這場深秋風暴「車輪戰」說再見。

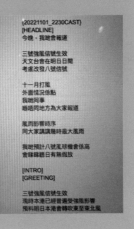

第 二 章
暴雨與強對流

2.1
探究香港暴雨警告制度

香港對外公開的暴雨警告制度成立於 1992 年，但與降雨相關的「元祖級」警
告的歷史可追溯至 1967 年。「大雨警告」於當年 4 月與雷暴警告一同設立，
當時大雨警告只供政府內部使用。初代大雨警告定義與現今紅色暴雨警告信號
相若，當廣泛地區過去一小時雨量達 50 毫米時，相關警告便會發出，唯一不
同的是該大雨警告不含任何預警成份。

1992 年 5 月 8 日，天文台於當日上午 6 至 7 時錄得 109.9 毫米雨量，打破當
時紀錄，至今有關紀錄依然位列天文台每小時最高雨量紀錄的第三位。由於當
時未有宣佈停工停課，造成市面極大混亂。面對各種針對不作停課決定的質疑
聲音，時任教育署署長李越挺卻以「我唔係神仙」回應。

隨後，天文台推出首代暴雨警告信號系統，共設有四個級別：綠、黃、紅、黑。
綠色及黃色只對政府內部發布，紅色及黑色則會對公眾發布。

暴雨警告	定義
綠色	預料本港未來 12 小時內會有顯著雨量
黃色	預料未來 6 小時內香港境內會有超過 50 毫米雨量
紅色	暴雨已開始。在過去一小時或以內， 香港廣泛地區錄得超過 50 毫米雨量
黑色	在過去兩小時或更短時間內， 香港境內錄得超過 100 毫米雨量。

表 1. 香港天文台於 1992 年設立「四色」暴雨警告系統，並沿用至 1998 年。資料來源：
香港特別行政區政府香港天文台。

天文台於 1998 年 3 月起對外公布黃色暴雨警告信號,並修訂各級暴雨警告定義。此系統沿用至今,亦即大家今天熟悉的「黃、紅、黑」三級系統。

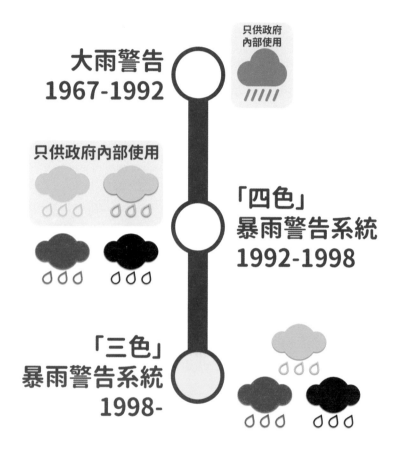

圖 1. 香港暴雨警告系統歷史時間線。資料來源:香港特別行政區政府香港天文台《香港天文台簡史〔2023 年版〕》。

2.2
「驟雨」即係幾大雨？
如何解讀天文台的降雨預測？

「天文台又話今日落雨，點解最後無乜雨？浪費咗個假期！ 😠」
「明明只係話間中有驟雨，點解最後會有紅雨落狗屎？ 😵」

不時會有人認為天文台的預測和現實有落差，預報用字看似容易卻讓人感到難以理解。到底「有幾陣驟雨」和「一兩陣驟雨」有何分別？「雨勢有時頗大」和「大驟雨」哪一用字代表較大雨勢？這部分會淺談降雨預報用字，讓大家更容易理解預報內容。

根據天文台天氣術語列表，我們可先將預測降雨的用字分為「驟雨」和「雨」。驟雨特徵為驟始驟止，降雨前後天色可能較好，甚至會有陽光；雨則較驟雨持續，雨量卻可比驟雨少。有些時候，天文台還會使用「毛毛雨」形容水滴微細的雨。

降雨模式	特徵
驟雨	・較常在夏季出現。 ・驟來驟去，雨勢變化較大。 ・降雨前後天色可能較好，甚至會有陽光。
雨	・較常在冬季出現。 ・雨勢較持續。 ・雲帶覆蓋範圍較廣，多雲時間較長。

表 1. 驟雨和雨的對比。資料來源：香港特別行政區政府香港天文台天氣術語列表、於 2017 年 5 月發表的天氣隨筆《雨的描述》。

單憑這些字眼，其實仍未能細分降雨的頻密程度。因此，讀者須留意降雨預測會否有補充字眼。根據天文台於 2017 年 5 月發布的天氣隨筆《雨的描述》，針對降雨頻密程度的預測字眼有四個，按遞減次序分別為「頻密」、「間中」、「幾陣」和「一兩陣」。

天文台亦會視乎情況，加入補充字眼形容雨區的預測影響範圍，分別有「廣泛」、「零散」和「局部地區」。

天氣術語	降雨情況
間中有驟雨	指天空的對流雲相當多，大部分地區會間歇地有驟雨下降，不過每個地區下雨的時間可能不同。
零散驟雨	表示天空的雨雲零散分布，而部分地區有雨，部分地區可能完全無雨。
局部地區性驟雨	指雨雲較稀少而孤立，故小部分受影響的地區有雨外，其他地區可能無雨。

表 2. 表達降雨頻密程度和影響範圍的天氣術語舉偶。資料來源：香港特別行政區政府香港天文台天氣術語列表。

除了預測用字外，天文台還會使用不同天氣圖標，供大眾了解預測的雨勢多寡，讀者可多加留意。

降雨程度	小雨 （light）	中雨 （moderate）	大雨 （heavy）
圖示			

表 3. 不同降雨程度對應圖示及雨量概覽。資料來源：香港特別行政區香港天文台於 2017 年 5 月發表的天氣隨筆《雨的描述》。

基於上文，MET WARN 團隊整理了一些解讀降雨預測的個人見解：

· 降雨持續性與雨勢不存在必然關係。基於雨區發展的機制[1]，香港一日內不同時間的雨勢確實可以不一，有時全日細水長流，有時卻是「朝早落狗屎、下晝出太陽」。

· 當讀者看到時晴時雨的預測，難免會認為天文台有意「大包圍」；惟應留意預測有沒有使用時間用詞[2]、指明驟雨風險較高的時段，再作判斷。

· 香港各區雨勢可以有差異，讀者須特別留意針對雨區影響範圍的預測字眼，切忌以為天文台預測下雨，就代表全港會同一時間下雨。

· 有時香港會遇上時雨量未達 30 毫米，但廣泛地區持續有每小時約 10 至 20 毫米雨量的大雨。由於降雨時間長，全日累積雨量仍可相當高。近年其中一個例子為 2013 年 9 月 5 日，當日天文台總部雨量達 197.7 毫米，但未有任何暴雨警告信號生效。這種情況下，市民須注意排水欠佳的地方仍可能有水浸，而接近山坡的位置亦有山泥傾瀉的風險。

 氣象 Q&A：「部分時間有陽光」vs「部分時間天色明朗」

天文台預報中，不時見到這兩句針對天色、看起來接近雷同的字句。事實上，兩者均指會見到太陽。不過「部分時間有陽光」指雲與雲之間有機會見到藍天，「部分時間天色明朗」則是指有雲，但雲層較薄且會有陽光穿過。

---

1 關於暴雨發展的機制，可參考〈點解返工返學先大雨？暴雨點形成？〉的章節。
2 關於天文台預報的時間用詞，可參考〈風暴預報變數有多大？〉的章節。

2.3

雷達解密：
提前預知大雨來襲

每年香港都會受暴雨影響。除了依靠天文台天氣預報，普羅大眾還有甚麼方法得知是否準備下雨、將會下多大雨呢？最簡單便是從雷達圖著手。

天氣雷達是氣象機構監測降水的重要工具。這些雷達一般位於地勢較高、阻隔較少之處，並會稍稍「抬高頭」發射電磁波。電磁波遇上降水粒子（如雨水、冰雹和雪）時會反彈，雷達接收到這些反射回來的「回波」（echo）時，便能推算雨區的位置和強度。

一般來說，回波越強代表雨區越強。天文台制定了一套經驗公式，換算回波所對應的降雨率（precipitation rate），並使用不同顏色標記[1]，供大眾理解雨區帶來的雨勢：

天文台雷達圖降雨率

雨區顏色	降雨率（毫米/每小時）
	>300
	200 - 300
	150 - 200
	100 - 150
	75 - 100
	50 - 75
	30 - 50
	15 - 30
	10 - 15
	7 - 10
	5 - 7
	3 - 5
	2 - 3
	1 - 2
	0.50 - 1
	0.15 - 0.50

圖 1. 天文台雷達圖的降雨率。資料來源：香港特別行政區政府香港天文台。

1 圖示僅為天文台使用的色階。讀者如使用其他氣象機構提供的雷達圖，須注意不同顏色對應的雨區強度可以有差異。

讀者應留意,由於雨區顏色對應的降雨率乃基於經驗公式得出,因此只可視為估算數值。然而,根據 MET WARN 觀察,假設經驗公式準確無誤,即使淺綠色雨區持續一小時,時雨量亦只有十數毫米;一般雨區要達黃橙色級別或以上,並同樣持續一小時,時雨量才會更多。

讀者亦需留意雨區大小。以夏季下午有機會出現的「熱對流」為例[2],它們有時強度頗高,但一般尺度較小,覆蓋範圍不大,發展和消散較為迅速。因此,即使有此類雨區掃過讀者身處的位置,雨勢可能只會維持十數分鐘,來去匆匆,難以視為可能持續的雨勢。

天文台現時提供本港 64、128 和 256 公里範圍內的雷達圖。128 和 256 公里範圍雷達每 12 分鐘更新一次,64 公里範圍雷達則是每 6 分鐘更新一次。除單張靜止雷達圖外,亦具動畫序列功能,顯示由更新時間起計過往兩小時內的雷達圖。讀者可善用雷達動畫序列,觀察雨區的移動路徑、速度、強度和覆蓋範圍的變化。

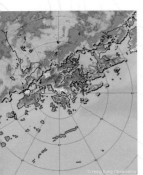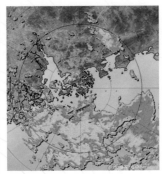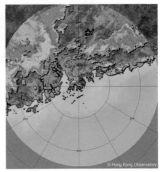

圖 2. (左)64 公里、(中)128 公里、(右)256 公里範圍雷達圖示例,香港位於雷達圖的中央。圖片來源:香港特別行政區政府香港天文台。

---

2 隨著日間氣溫上升,高溫觸發的強對流可能於下午至黃昏發展,詳情可參閱〈熱對流天氣:夏季小心天氣急變〉的章節。

如上文所述,天氣雷達一般位處地勢較高的地方,並會以一定仰角發射電磁波。故此,接收回來的信號其實反映大氣高空 [3] 的情況,與近地面的情況可以有落差。

當大氣中低層較乾燥時,雨水降至地面前有機會已蒸發,實際雨量便會較雷達顯示為低。相反,若積雨雲集中在大氣低層發展,望向大氣高空的雷達便可能「睇佢地唔到」,實際雨量會較雷達顯示為高。讀者觀察雷達圖時,亦可同時留意本港的相對濕度和風向,以判斷雷達有否準確反映近地面的實際雨量。

氣象條件	雷達與實際雨量對比
·本港近地面較乾燥,雨水降至地面前有機會已蒸發 ·較常出現於秋、冬季	·實際雨量較雷達顯示低
·本港受東風潮影響 [4],且近地面不乾燥,有利低層降水發展 ·較常出現於春季	·實際雨量較雷達顯示高 ·雨勢一般集中在本港東部

表 1. 部分氣象條件下雷達與實際雨量的對比。

3 天文台現時公開的雷達圖反映 3 公里高度的天氣情況。然而,雷達的掃描角度可以有變化,實際上還能觀察其他高度(如 1 公里、2 公里高度)的天氣情況。
4 有關東風潮的詳細解釋,可參閱〈極渦南下?冷空氣襲港還須過重重關卡!〉的章節。

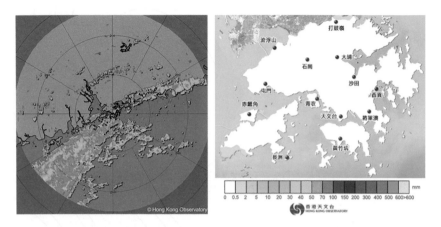

圖 3.（左）2020 年 10 月 24 日早上 6 時雷達圖；（右）同日全日總雨量分布圖。雷達可見本港南部受熱帶氣旋沙德爾的外圍雨帶覆蓋，惟當時近地面較乾燥，因此雨水在降至地面前已蒸發，本港普遍地區亦沒有雨量紀錄。圖片來源：香港特別行政區政府香港天文台。

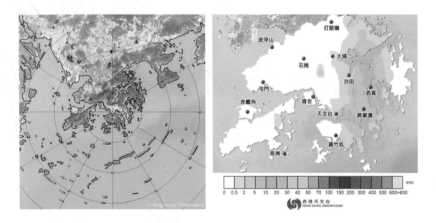

圖 4.（左）2023 年 4 月 3 日晚上 7 時 12 分雷達圖；（右）同日全日總雨量分布圖。雖然雷達顯示本港未受雨區覆蓋，但當時本港正受東風潮影響，東風遇上山脈而抬升，促使降水在大氣低層發展，最終本港東部錄得數毫米雨量。圖片來源：香港特別行政區政府香港天文台。

2.4
點解返工返學先大雨？
暴雨點形成？

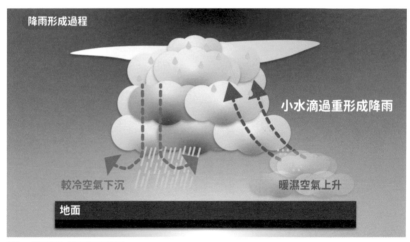

圖 1. 降雨形成過程示意圖。

假如讀者還記得初中科學課的內容或選修了高中物理課，對「熱空氣上升、冷空氣下降」的對流概念應該不感陌生。對流可謂降雨的基礎，但它們能否活躍發展導致降雨形成，還須看三個因素：水氣、大氣不穩定性（instability）和抬升（lifting）。

打個比喻，假設你將一個籃球拋進游泳池，由於籃球較周遭的水輕，因此它會一路上升，直至達到浮起的狀態。同樣道理，當一股空氣較周圍環境熱和輕時，也會一路上升，這種情況便是大氣不穩定。相反，抬升就像把籃球舉起，籃球是因一道力被逼上升，被抬升的空氣有著相同的道理。

那水氣又有何作用呢？除了「降雨是水份」這個顯然易見的理由外，當水氣伴隨熱空氣上升時，會因為外圍較冷而凝結為水滴。氣體變為液體的過程會釋放稱為「潛熱」（latent heat of vaporization）的能量，未凝結的熱空氣吸收能量後，變冷速度會稍為變慢，有利它們進一步上升。

在降雨機制中，抬升是把空氣帶到大氣不穩定空間的引擎，讓它們自由發揮。到達對流層頂部（約 15000 米高空）時，由於溫度不再隨著高度上升而下降，空氣也逐漸失去上升的能力，轉而向外擴散並下沉。同時，對流過程中凝結的水氣會集結成雲。初時，小水滴會被上升氣流「頂住」，但隨著水滴積聚而變大，它們會變得過重而不能繼續懸浮在空中，這時降雨便會形成。

降雨到底能否達到暴雨程度，一般視乎上述三個因素的多寡。春季和夏季水氣較充沛、出現強烈抬升氣流和不穩定大氣的機會更大，暴雨自然更頻發。然而，這不代表冬季就完全沒有暴雨。事實上，天文台在冬季下不一次需要發出黃色暴雨警告信號，2019 年和 2020 年更連續兩年於 2 月發出相關警告。

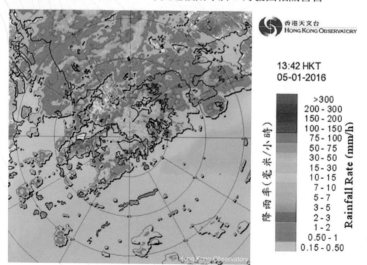

圖 2. 2016 年 1 月 5 日下午 1 時 42 分的雷達圖，當時香港中部受強雷雨區影響，天文台隨後於下午 2 時發出有紀錄以來最早的黃色暴雨警告信號。圖片來源：香港特別行政區政府香港天文台。

值得一提的是，垂直風切變也是暴雨的關鍵推手。與需要「頭身一致」的熱帶氣旋不一樣，越強的垂直風切變反而更有利暴雨的發展。在強烈垂直風切變下，以上升氣流為主的低空雲層，以及盛行下沉氣流的高空雲層雖然會被吹至不平衡，兩股氣流卻能各自找到領域，不會「炒埋一碟」，令對流活動更持續，有時更會起相輔相成的作用。

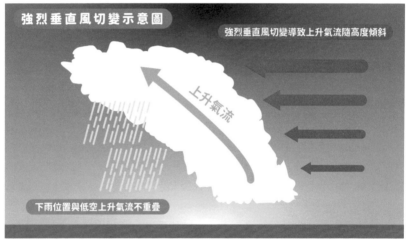

圖 3. 強烈垂直風切變下對流發展示意圖。

抬升背後涉及不同天氣系統甚至地形因素，因此觸發暴雨的機制亦千奇百怪。就香港而言，暴雨一般來自低壓槽、西南季候風、海陸風效應和熱帶氣旋[1]。

先談低壓槽。根據天文台 2015 年 4 月發表的氣象冷知識《雨季來臨》，當局在 1998 至 2014 年期間的統計數據顯示，需要發出紅色和黑色暴雨警告信號的個案中，有百分之六十七個案都是因受低壓槽影響而發出，可謂香港眾多暴雨的元兇。低壓槽軸線附近一般有大陸氣流和海洋氣流匯聚，兩股氣流交戰導致強烈抬升，可謂暴雨風險最高的區域。此外，低壓槽沒有特定移動方向，有時甚至會滯留同一範圍一段時間。假如來自南方的海洋氣流稍為壓過北側的大陸氣流，低壓槽便會由南向北移動，最大雨的區域亦會被推向北方，反之亦然。

---

1 有關熱帶氣旋引發的暴雨，可參閱〈打風不成，真係會三日雨？〉的章節。

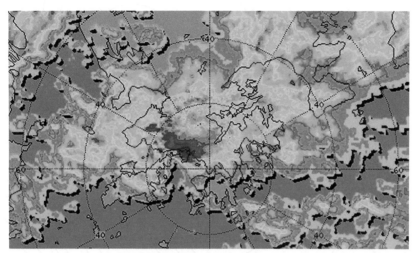

圖 4. 2014 年 3 月 30 日晚上 8 時的雷達圖，當時荃葵青區一帶受紅色和粉紫色雨區影響，天文台隨後於晚上 8 時 40 分發出有記錄以來最早的黑色暴雨警告。圖片來源：香港特別行政區政府香港天文台。

2014 年 3 月 30 日「又一城水舞間」事件，幕後黑手便是低壓槽觸發的暴雨。當日晚間本港受強雷雨區影響，普遍錄得每小時超過 70 毫米的雨量，多區甚至出現冰雹。

低壓槽於俗稱「梅雨季節」的 5 至 6 月最活躍。這時西南季候風開始爆發，但來自北方的弱冷空氣未完全消退，而副熱帶高壓脊亦未掌控華南沿岸，令香港附近常有海洋氣流和大陸氣流僵持不下而形成梅雨槽，並帶來持久的大雨甚至暴雨。

多場導致香港傷亡慘重的雨災，背後成因都是梅雨時節的低壓槽。近年最觸目驚心的例子無疑是 2008 年 6 月 7 日出現的暴雨。當日清晨時分起，雷雨區源源不絕在大嶼山以西發展，隨後恍如列車般一個個車卡向東北偏東移動，持續為本港帶來暴雨。暴雨最劇烈的時候，天文台總部錄得的最高每小時雨量達 145.5 毫米，為有記錄以來最高。大嶼山災情特別嚴重，北大嶼山公路於黑色暴雨警告信號生效期間更出現泥石流，一度須全線封閉。

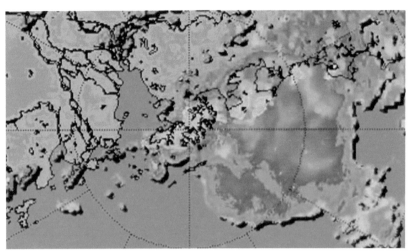

圖 5. 2008 年 6 月 7 日早上 8 時的雷達圖，當時黃橙色雨區持續在大嶼山以西發展並影響本港，黑色暴雨警告信號於早上一度生效逾 4 小時。圖片來源：香港特別行政區政府香港天文台。

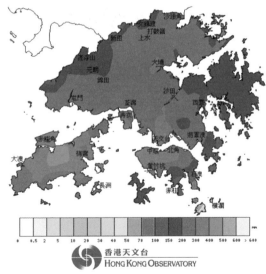

圖 6. 2008 年 6 月 7 日午夜至下午 6 時的雨量分布圖，當日廣泛地區錄得超過 200 毫米雨量，大嶼山及市區更超過 300 毫米。圖片來源：香港特別行政區政府香港天文台。

有些時候，即使西南季候風主導天氣，缺乏兩股明顯氣流「打大交」，也可以有暴雨出現。西南季候風於夏天最活躍，會在中低層將中南半島和南海的水氣帶到華南沿岸。它們碰到陸地時，受地形影響也會出現抬升。另外，由於陸地和海洋降溫速度不一，沿岸會出現「海陸風效應」，夜間風會從較冷、氣壓較高的陸地吹向較暖、氣壓較低的海洋。這股弱陸風在仲夏夜遇上被逼抬升的西南季候風時，有機會引爆炸彈藥引，誘發強雷雨區發展。

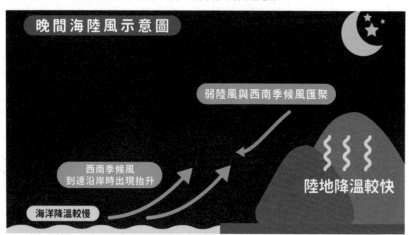

圖 7. 晚間陸風與西南季候風在沿岸匯聚的示意圖。

🌧 氣象 Q&A：點解返工返學先大雨？

天文台於 2011 年 6 月發表的教育資源《暴雨警告信號的有趣小統計》一文指出，1992 至 2010 年期間紅色和黑色暴雨警告信號在午夜至中午時段的生效時間，較中午至午夜時段分別長 1.5 倍和 2.5 倍，代表本港暴雨確實較容易在午夜至中午時段出現。

氣象學家對箇中因由未達成共識，但其中一個可能解釋是上文提及的海陸風效應。日出後隨著陸地回暖，沿岸會逐漸轉受由海洋吹向陸地的海風影響。這些海風和西南季候風方向一致，會將強雨帶重新推向內陸。另一方面，入夜後雲層頂部會出現輻射冷卻，與低空溫差變大，亦令大氣變得更不穩定，是強對流偏向於半夜發展的另一可能原因。

2.5
暴雨真係咁難預測?

大眾對天文台降雨預報可謂怨聲載道,社交媒體不難看見「咁細個地方落唔落雨都報唔好」、「開始落雨先話會落雨」等批評。到底暴雨是不是真的如天文台所言,這麼難預測呢?

觸發暴雨的強對流系統,一般只覆蓋數十公里範圍,生命週期僅有數小時。這些系統的形成、發展、維持和消散不但涉及複雜的物理機制,亦受地形、日夜差異等細微因素影響,可以說是相當隨機。現時氣象學家對強對流系統仍未建立全面的理論基礎,電腦模式缺乏可靠公式,自然難以針對暴雨作出可靠預測。

由於強對流系統尺度(scale)較細,電腦模式須具備極高解像度,才能剖析這些系統。正如早前章節提及的顯微鏡比喻,強對流系統就像微生物,顯微鏡要看清它們,就要有足夠的放大倍數。然而,出於運算能力的限制,氣象機構參考的全球模式往往在解像度方面作了取捨,令他們無法準確分析和預測這些強對流系統。

除此之外,暴雨是較容易走向極端的天氣現象,這偏偏是全球模式的弱項。根據天文台於 2014 年 1 月發表的 Reprint 1101《透過校準數值預報模式提升短期定量降雨預報的表現》,歐洲模式和日本模式預測暴雨發生的概率,遠較實際發生概率低,代表全球模式傾向低估暴雨發生的機會。

現時單靠全球模式,氣象機構只能捕捉有利暴雨發展的大氣條件,例如低壓槽會否出現,但低壓槽哪個位置、甚麼時候「派彩」,以至雨量多寡等細節,全

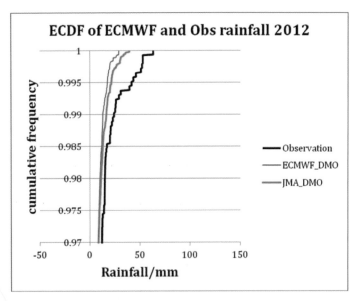

圖 1. 基於 2012 年數據繪製的全球模式（紫線代表歐洲模式，橙線代表日本模式）預測雨量累積分布與實況（黑線所示）對比圖，橫軸代表雨量，縱軸代表累積發生頻率。圖中可見黑線右於紫線和橙線，代表暴雨實際發生頻率較全球模式預測高。圖片來源：香港特別行政區政府香港天文台 2014 年 1 月發表的 Reprint 1101《透過校準數值預報模式提升短期定量降雨預報的表現》。

球模式就毫無頭緒了。

針對解像度不足的問題，氣象機構研發了負責範圍較細、可全神貫注分析個別天氣系統的區域模式。可是，區域模式的預測覆蓋時段一般只有數天，亦沒有擺脫理論基礎不清的問題，因此單靠它們亦難以預先判斷暴雨的發生地點、時間和強度。

氣象機構應對暴雨時，往往要「煮到埋嚟先食」，以臨近預報（nowcasting）為主軸。臨近預報會使用雷達和地面觀測等資料，嘗試推估強對流系統於未來數小時的變化，協助氣象機構於暴雨發生前的短時間內發布預警。

	一般預測時段	一般預測間距	預測內容特徵
季度預報	數個月至半年	每個月 或每三個月	·針對時間較長、範圍較大的氣候震盪，如厄爾尼諾和拉尼娜現象 ·內容粗疏，顯示籠統氣候趨勢
延伸預報	八天至兩周	每數小時或每天	·預報時段越長，內容越粗疏 ·天氣系統尺度越細，可預測細節越少
中期預報	三天至一周		
短期預報	半天至三天	每小時 或每數小時	·延伸預報主要反映一個地方的天氣趨勢 ·針對尺度較細的天氣系統
臨近預報	零至六小時	每數分鐘	·可預測更多細節，但不代表預測必然準確。

表 1. 臨近預報與不同類型預報的對比。

根據天文台於 2014 年發表的 Reprint 1101《透過校準數值預報模式提升短期定量降雨預報的表現》，業務操作上預報員主要採用「小渦旋」臨近預報系統（SWIRLS），以及預測範圍只覆蓋本港附近的高解像度區域模式[1]（RAPIDS-NHM）進行暴雨臨近預報。小渦旋可對比兩次連續雷達掃描，得出雨區的移動方位和速度，再應用不同公式作外推（extrapolation），推算雨區抵港的時間和覆蓋範圍。需注意的是，小渦旋假定雨區強度和移動路徑維持不變。由於這個假設明顯不符合現實，天文台仍須借助區域模式等工具，判斷香港附近大氣環境是否有利雨區維持強度或進一步加強。

---

1 天文台技術報告中亦將其稱為「本地模式」。

臨近預報到底有多準確？天文台於 2019 年 12 月的一場國際會議「SWFDP-SeA RFSC Training Desk」中曾發表《Nowcasting and Community SWIRLS》的簡報，當中列出 2017 年其中一項臨近預報產品的可靠度分析。根據相關驗證數據，即使臨近預報產品於大雨發生前 60 分鐘預測每小時雨量必然達 50 毫米（即紅色暴雨警告信號標準），實際應驗概率只有約四成。簡單來說，如果於當年要求天文台於紅雨達標前一小時便發出相關警告，十次起碼有六次是虛報，久而久之可能會導致「狼來了」。

隨著科技發展，衛星和雷達提供資料的頻率有所提升。以雷達為例，天文台 2021 年於沙螺灣引入第一部「相控陣天氣雷達」，掃描密度由現時的六分鐘一張提高至一分鐘一張。然而，此類雷達射程較短，因此天文台計劃再增添數台相同雷達，以建立覆蓋範圍更廣的觀測網絡，望能將發出暴雨警告信號的時間提前五分鐘。另外，現時日本氣象廳的 Himawari 系列衛星每十分鐘提供一張雲圖，目標觀察範圍（target area）甚至每兩分半鐘便有一張雲圖。這些加密監測有助氣象機構更密切留意強對流系統的發展，亦為臨近預報系統的外推提供了更多數據。

另一個發展方向是深度學習。透過以往多年的雷達數據，人工智能或能找出不同大氣條件下雨區變化的特徵。遇上新的雷達數據時，這個模型便能對比過去案例，預測這次雨區的移動方位和速度，甚至是強度和覆蓋範圍的變化。當然，應用深度學習的預報處於初步發展階段，對業務運作的影響仍然有待觀察。

綜上所述，根據 MET WARN 觀察，近年臨近預報技術的發展速度可謂相當快，惟這些新技術對臨近預報可靠度的影響仍然有待觀察。

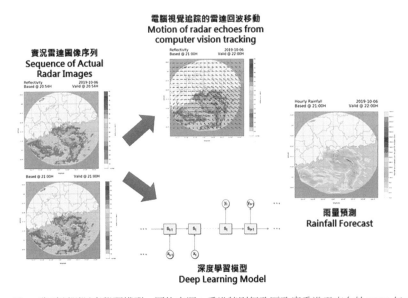

圖 2. 臨近預測深度學習模型。圖片來源：香港特別行政區政府香港天文台於 2020 年 9 月發表的教育資源《機器學習與臨近預報》。

2.6
小心山泥傾瀉風險！

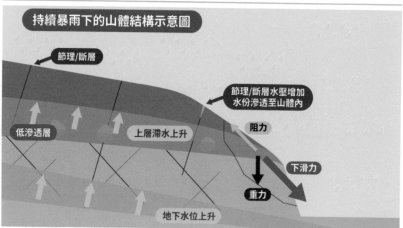

圖 1. 持續暴雨下的山體結構示意圖。

暴雨除了會帶來水災，亦會埋下其他自然災害的誘因。在山多平地少、斜坡處處的香港，山泥傾瀉便是其中一種暴雨誘發而不容忽視的災害。

大雨期間，山體表面的水份會逐漸滲透至山體內，滲透速度則視乎其土壤或岩石的構造及性質，以及山體的植被（vegetation）覆蓋度及風化（weathering）情況。

持續時間較長的暴雨會引致地下水位（water table）上升，滯水面（perched water table）進一步發展，使山體內的水分含量漸趨飽和。此時，降雨加大山體的重力，使山體表面的磨擦力（friction）減弱，下滑力（downhill force）增

加；同時，山體內的土壤或岩石微粒之內聚力（cohesion）亦會減少，並使張力（tension）增加，使山坡變得不穩定。當山體的摩擦力或內聚力不再足以保持斜坡穩定時，山泥傾瀉便會發生。

值得留意的是，除了自然因素外，非法耕種或斜坡維修保養欠妥等人為因素亦會增加山泥傾瀉的風險。

留意山泥傾瀉警告！

圖 2. 山泥傾瀉警告歷史時間線。資料來源：香港特別行政區政府香港天文台委托香港中文大學歷史系何佩然教授編撰，並由香港大學出版社於 2003 年 10 月出版的《風雲可測－香港天文台與社會的變遷》。

山泥傾瀉警告早於 1977 年 4 月設立。天文台於 2003 年 10 月出版的《風雲可測－香港天文台與社會的變遷》中提到,當時山泥傾瀉警告分為黃色及紅色,初時只供應急機構使用。直至 1983 年,山泥傾瀉警告正式向公眾發布,並棄用顏色分級,統一為單一警告。山泥傾瀉警告的定義於 1998 年稍作修改,並沿用至今。

當持續大雨極有可能導致大量山泥傾瀉時,香港天文台同土力工程處即發出山泥傾瀉警告,此時市民應盡量遠離斜坡,免生危險。值得一提的是,這項警告旨在針對數目較多而影響廣泛的山泥傾瀉情況,所以一些因雨勢較小而未能預測到的局部地區性山泥傾瀉,仍會在山泥傾瀉警告沒有生效的時候出現。

暴雨威脅解除後,不代表山泥傾瀉會隨之立即消除。原理就如水浸一樣,即使雨勢轉弱甚至停雨,氾濫的河道仍然需要一段時間,水位才會下降。持續暴雨過後,地下水位可能仍舊十分高漲,山體內依然處於不穩定狀態,因此偶然會

圖 3. 六一八雨災期間各區由山泥傾瀉所造成的死亡人數。資料來源:《一九七二年雨災調查委員會最後報告書》。

出現暴雨警告及新界北部水浸特別報告同告取消後，山泥傾瀉警告維持生效以警示相關風險的情況。即使警告取消，讀者亦宜繼續對持續暴雨所帶來的潛在山泥傾瀉風險保持警惕。

「六一八雨災」

本港曾發生多次暴雨誘發的山泥傾瀉，當中最嚴重的一次發生於 1972 年 6 月 18 日，天文台總部於當日中午錄得的一小時雨量高達 98.7 毫米，截至 2023 年 6 月，仍位列一小時雨量紀錄的第八位。

1972 年 6 月 16 至 18 日，受活躍低壓槽影響，本港豪雨連場，山坡變得十分不穩定，16 至 17 日已持續出現小型山泥傾瀉。6 月 18 日，全港多處發生山泥傾瀉，除最嚴重的兩宗先後發生於秀茂坪及西半山寶珊道外，鴨脷洲、西環卑

圖 4. 秀茂坪山泥傾瀉現場照片。圖片來源：香港特別行政區政府新聞處。

路乍街、灣仔市區普樂里、灣仔半山肇輝臺、筲箕灣以及柴灣亦曾發生致命的山泥傾瀉。是次雨災合共造成 148 人死亡，史稱「六一八雨災」。

秀茂坪及寶珊道大規模事故

6 月 18 日下午 1 時 10 分，位於秀茂坪曉光街與秀麗街交界的一幅路堤邊坡崩塌，秀茂坪安置區的大部分木屋隨即被傾瀉而下的泥漿和植被淹沒，甚至波及翠屏道。此宗山泥傾瀉造成 71 人死亡，52 人受傷。

圖 5. 寶珊道山泥傾瀉現場照片。圖中紅點顯示被山泥傾瀉完全或部分損毀的建築物原本位置。圖片來源：香港特別行政區政府新聞處。

秀茂坪山泥傾瀉發生接近 9 個小時後，約晚上 8 時 50 分至 8 時 55 分，寶珊道亦發生大規模的山泥傾瀉，大量泥漿隨坡度下滑，整幅山坡由寶珊道橫掃干德道及旭龢道，下滑至介乎旭龢道至巴丙頓道及羅便臣道之間才停止。僅僅 10

秒內，山泥傾瀉便摧毀了寶珊道 21 號的車房及花園、旭龢道 11 號的一棟四層高建築物、以及樓高十二層，原位於旭龢道 38 至 40 號的旭龢大廈。旭龢大廈倒塌時更削去位於羅便臣道 125 號，仍未入伙的景翠園 E 座頂部數個樓層[1]。此宗山泥傾瀉造成 67 人死亡，20 人受傷。

一九七二年雨災調查委員會中期及後期報告的啟示

1972 年 6 月 22 日，港府成立「一九七二年雨災調查委員會」。暴雨固然是誘發是次雨災眾多山泥傾瀉的自然因素，惟委員會提交的兩份報告中，均提及加速山泥傾瀉發生的人為因素。

就秀茂坪山泥傾瀉，委員會認為山坡上的建築物導致地下水蒸發量下降，令其水位上升；再加上建造路堤的物料不牢固，長時間降雨更會令路堤的結構逐漸崩潰，令雨水更易滲透入山體，最終誘發山泥傾瀉。

就寶珊道山泥傾瀉，委員會認為半山區的地下水位相對偏高，降雨期間更只會進一步上升；而位於年豐園上方的干德道有一建築地盤，其深挖支撐不足，亦欠奉嚴格監管，繼而疊加山體岩土性質等自然因素，促使山泥傾瀉發生。

由此可見，在人為和自然因素的「雙管齊下」，山體更易處於不穩狀態。是次雨災與 1976 年秀茂坪再度發生的山泥傾瀉，逼使港府正視本港斜坡問題，繼而於 1977 年成立土力工程處。現時該處為土木工程拓展署轄下的一個功能分處。

---

1 不同資料對旭龢大廈倒塌的描述稍有出入，本文提及的傷亡和損失數據以《一九七二年雨災調查委員會最後報告書》為準。

2.7
颮線 vs 超級單體：
提防猛烈雷暴及陣風

雷達圖上，黃紅色及粉紫色回波表示雨區強烈。這些強烈雨區除了會帶來暴雨，有時亦會帶來猛烈陣風、冰雹、水龍捲、甚或是龍捲風等天氣。然而，除了可用顏色區分其強度外，氣象學上這些強烈雨區亦有其專屬學術名詞。

在這個章節，我們會解釋兩種可能影響華南沿岸的強烈雨區：颮線（squall line）和超級單體（supercell）。

颮線：「石湖風」的元兇

颮線可簡單理解為呈線狀且具組織的雷雨帶，雷達圖上可見雷雨區排列成一條長而窄的線。颮線通常伴隨猛烈陣風，風速可高達每小時 100 公里或以上，個別案例甚至達颶風程度。而這些猛烈陣風，其實就是坊間俗稱的石湖風。

因颮線移動迅速及其窄長的形態，颮線影響一個地方的時間一般較短，惟影響時間長短與其威脅程度並不掛鈎。颮線掠過時，可在極短時間帶來可觀雨量，且令風勢急劇增強，造成不少破壞。

其中一個案發生於 2019 年 4 月 20 日。由於颮線逼近，天文台於當日下午發出黃色暴雨警告信號 40 分鐘後改發紅色暴雨警告信號，多區錄得逾每小時 50 毫米雨量。颮線掠過期間，風力劇增，位於維多利亞港內的中環碼頭錄得最高持續風速為每小時 68 公里，達烈風程度；最高陣風更達至每小時過百公里。

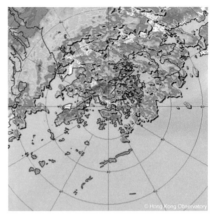

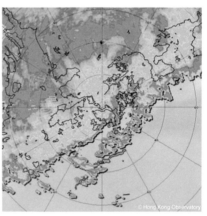

圖 1. 2019 年 4 月 20 日下午 1 時 24 分（上）及下午 2 時 30 分（下）的雷達圖，可見一道強烈颮線由西向東橫過本港，雨區強度以黃橙色為主。圖片來源：香港特別行政區政府香港天文台。

除 2019 年的案例外，本港過往亦有受颮線影響的紀錄。2005 年 5 月 9 日，強烈颮線影響下，葵涌貨櫃碼頭最高陣風達颶風程度，導致部分貨櫃被吹倒，事件不幸造成一人死亡。而近期受颮線影響的例子則發生於 2023 年 4 月 19 日，當時中環碼頭及天星碼頭陣風達暴風程度，屯門更有行駛中的汽車被強風吹倒的雜物擊中，險象環生。

氣象 Q&A：下擊暴流（downburst）

颮線帶來的猛烈陣風主要由下擊暴流造成。

強烈雨區一般伴隨猛烈上升氣流。當這些上升氣流有足夠強度時，甚至可以將較大的雨滴和冰雹「撐」起於空中。然而，一但這些上升氣流開始減弱，雨滴和冰雹便會隨之而急速墮下。雨滴和冰雹此時會將高層空氣「扯」下來，而假如大氣低層濕度不高，雨滴蒸發期間亦會令周遭空氣冷卻（evaporative cooling）和變重，進一步加速空氣下沉。

下擊暴流著陸時，恍如把一個裝滿水的氣球大力丟向地下，水份往外四濺時造成瞬時大風。

超級單體：強對流的「王者」

氣象學家習慣將雨區形容為恍如細胞般的單體（cell）。大部分雨區可分為單體（single cell）和多體（multi-cell），但最強烈的雨區則會被稱為超級單體。

超級單體特別在於其上升氣流會持續旋轉，一般會被稱為中尺度氣旋（mesocyclone）。超級單體具相當組織，且可持續數小時之久，較一般單體或多體雨區長壽。超級單體除了能帶來強烈狂風雷暴外，有時亦會帶來冰雹，更是觸發水龍捲和龍捲風的「幕後黑手」。

2019 年 4 月 18 日晚上，一個極為強烈的雨區掠過珠江口以南海域，並且持續一段時間。天文台於當晚 9 時 05 分發出的華南海域天氣報告中，亦一度提及香港鄰近海域陣風間中達颶風。

本港亦曾受到超級單體的直接影響。前面章節提及過的 2014 年 3 月 30 日暴雨，正是超級單體所致。當晚本港多區除了出現每小時超過 70 毫米的雨量，亦有冰雹和猛烈陣風報告，天文台一度須要發出有紀錄以來最早的紅色及黑色暴雨

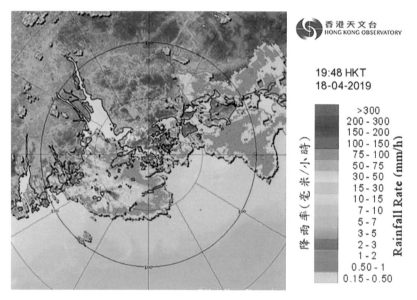

警告信號。

當天文台預測即將襲港的強烈雨區會帶來狂風雷暴,便會發出相關提示,一般而言會提醒市民除了須留意暴雨威脅外,亦應提防猛烈陣風。大家收到這些提示時須提高警覺,如正身處室外,則應立即停止所有非必要戶外活動並盡快到室內暫避。

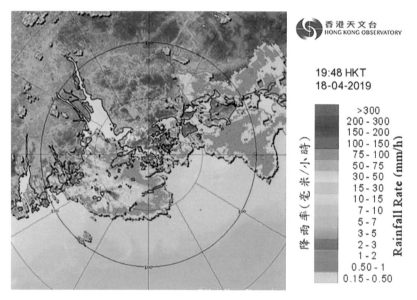

圖 2. 2019 年 4 月 18 日晚上 7 時 48 分的雷達圖,可見超級單體(圖中紅色雨區)正影響珠江口以南海域。圖片來源:香港特別行政區政府香港天文台。

2.8

六月飛霜？
冰雹的形成機制

冰雹是六月飛霜？

每當春、夏季各地出現冰雹，都總有市民會說「六月飛霜」、「天降異象」云云。不是冬季卻出現冰雹，到底是不是怪異現象呢？

與大眾理解相反，冰雹雖然是固態降水，但並非如雪和小冰粒般屬冬季降水現象[1]，反而與強對流活動有關。香港間中也會出現冰雹。根據天文台資料，本港平均每一至兩年會接獲一次冰雹報告，最常出現為三、四月，緊接其後是七月，可見春、夏季出現冰雹機會實為最高。

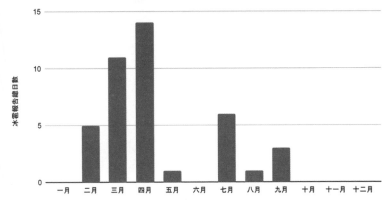

圖 1. 1967 至 2022 年香港每月冰雹報告總日數。資料來源：香港特別行政區政府香港天文台

1 關於冬季降水現象，可參閱〈小冰粒、凍雨？淺談香港降雪條件〉的章節。

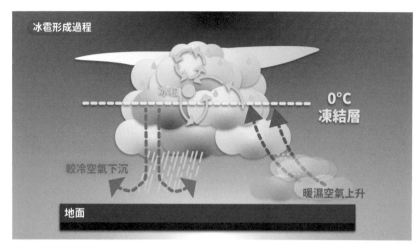

冰雹形成過程

水粒

0°C
凍結層

較冷空氣下沉

暖濕空氣上升

地面

圖 2. 冰雹形成過程示意圖。

冰雹是怎樣煉成的？

強對流一般伴隨猛烈上升氣流，暖濕空氣可因此被抬升至氣溫低於 0 度的「凍結層」。水氣會先凝結為過冷水滴（即環境氣溫低於冰點，但水未變為固態）並碰撞，形成冰粒。初時，這些冰粒會被猛烈的上升氣流「撐住」，停留在大氣高空中並繼續打滾，猶如雪球般越滾越大。

一般而言，上升氣流越強，冰粒可停留於高空持續「滾雪球」的時間亦會越長，換言之其形成的冰粒亦會越大。當上升氣流承受不住冰粒重量，或上升氣流有所減弱時，冰粒就會跌落地面，形成降冰雹現象。

強對流形成前，大氣通常呈「上乾冷、下暖濕」狀態，即大氣高空受乾冷空氣支配，低空則以暖濕空氣為主導。這種狀態會增加大氣不穩定度，有利強對流發展。在華南沿岸，春季是冷暖空氣最激烈的交戰期，亦是強對流最頻發的季節；夏季則不時有高溫加熱近地面空氣[2]，觸發局部地區強對流。這也解釋了

2 關於夏季午後熱對流發展，可參閱〈熱對流天氣：夏季小心天氣急變〉的章節。

為何冰雹較常在春、夏季出現。

我們可透過雷達觀察「鉤狀回波」（hook echo），從而判斷冰雹等惡劣天氣會否出現。顧名思義，鉤狀回波代表強烈雨區在雷達呈鉤狀。由於強烈上升氣流可將水滴和冰粒架在高空，大氣低空會相應出現較弱的回波區，強、弱回波區連起來便形成鉤狀。

雖然鉤狀回波是判斷冰雹有否出現的重要線索，但兩者依然不能完全掛鉤，反之亦然。強對流本身發展隨機，冰雹仍是相當難預測的惡劣天氣。然而，當雷達出現鉤狀回波或紅、紫色雨區，即使最終沒有冰雹出現，仍表示會有暴雨和強烈狂風雷暴，威脅依然不容小覷。如從雷達圖中發覺到上述情況發生，不論身處室內外亦應加以警惕，留在室內安全位置方為上策。

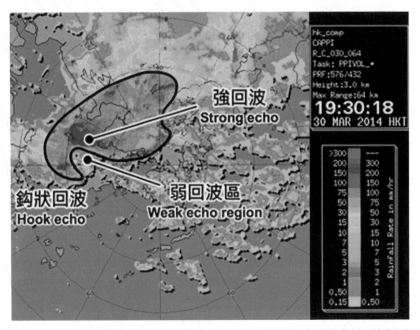

圖 3. 2014 年 3 月 30 日晚上 7 時 30 分的雷達圖，當時珠江口出現鉤狀回波，隨後香港多區接獲冰雹報告。圖片來源：香港特別行政區政府香港天文台於 2020 年 9 月發表的教育資源《冰雹與鉤狀回波》。

2.9
日本預測
真係準過天文台？

香港人經常到日本旅遊，亦不時將日本氣象廳預報與天文台預報作對比。有些人認為日本預報比香港準確，指日本可以精準預測降雨以及轉晴時間，甚或因而不盡信香港的預報。到底兩地降雨預報準繩度是否真的存在落差呢？

首先讓我們對比誘發兩地降雨的主要天氣系統。與香港一樣，日本有梅雨季節，亦不時受熱帶氣旋影響。不同的是，日本亦會受範圍較大的溫帶氣旋影響，鋒面降雨也較香港普遍。

香港	日本
·低壓槽（包括梅雨季節的梅雨槽）	·梅雨鋒
·其他鋒面降雨（以冷鋒為主）	·其他鋒面降雨（包括冷鋒和暖鋒）
·西南季候風	·熱帶氣旋降雨
·熱帶氣旋降雨	·溫帶氣旋降雨
·熱對流	·熱對流

表 1. 誘發香港和日本降雨的主要天氣系統對比。

值得留意的是，雖然兩地皆會受熱帶氣旋影響，但降雨機制略有不同。吹襲日本本土的熱帶氣旋北上期間已會與鋒面「夾攻」，風暴的暖濕氣流與弱冷空氣匯聚並觸發大雨。然而，風暴掠過後，乾冷空氣一般會改佔主導，因此天氣較快好轉。相反，吹襲本港的熱帶氣旋即使開始遠離，仍可能與西南季候風或副熱帶高壓脊的東風聯手帶來大雨，故此風暴遠離亦不代表天氣馬上轉趨穩定。

日本氣象廳在預測暴雨同樣遇上不少難題，其中一類為「線狀降雨帶」。這類降雨帶一般由滯留的梅雨鋒引起，強雨區會源源不絕地發展，並如列車般一個個車卡循一條線移動，為一個地方帶來持久大雨。這種情況與早前章節提及，五至六月部分影響本港的梅雨槽個案頗為類似。

礙於現今科技限制，日本氣象廳亦未能準確預測此類暴雨發生的時間、位置和強度，甚至偶有「漏報」情況出現。其中一個例子發生在 2017 年 7 月初，當時位於九州北部的福岡縣出現破紀錄大雨，短短兩日錄得近 600 毫米雨量，暴雨最嚴重時，雨量更超過每小時 100 毫米。然而，氣象廳在暴雨發生前一日未有向九州北部發出大雨警告；即使是暴雨開始前的當日早上，氣象廳亦僅預測最高時雨量為 40 毫米。

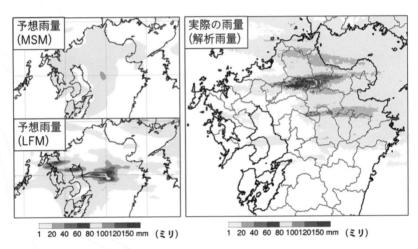

圖 1. 2017 年 7 月 5 日電腦模式就九州北部當日下午的 3 小時雨量預測（左）與實際雨量（右）對比。圖片來源：日本氣象廳。

日本氣象廳亦會使用解像度較高的區域模式作暴雨預測。可是，在 2017 年 7 月初的個案中，中尺度模式（MSM）於 7 月 5 日凌晨的預測未顯示當日下午會有降雨，而解像度更高的本地模式（LFM）於當日早上雖然預測有大雨，但雨區強度和位置都有明顯偏差。

由於無法每次提前作出預警，日本氣象廳同樣依靠臨近預報，以作出定時、定點、定量的短期降雨預測。根據氣象廳的技術報告，現時當局只能對未來約 15 分鐘的雨區動向作出相對準確的預報，惟雨區實際位置和強度仍可以有落差，技術水平與天文台其實頗為接近。

那為何有些人覺得日本預測較準確呢？這是因為相比線狀降雨帶、熱帶氣旋降雨和熱對流，冷暖鋒和溫帶氣旋帶來的降雨相對容易預測，而日本受後兩者的影響偏偏較香港多。讀者閱畢本文後，又有沒有對兩地的降雨預報水平產生新的看法呢？

2.10
電腦模式的發展歷史與展望

在先前章節，我們提到電腦模式的解像度限制了暴雨預測的準繩度。當然氣象學家未有安於現狀，亦正繼續努力不懈提升電腦模式的預測能力。到底科技離可以準確預測強對流還有多大距離？我們會在本章節探討電腦模式的歷史和未來發展方向。

在超級電腦的世界，我們現正處於百億億次級（exascale）世代，代表最頂尖的超級電腦浮點運算能力（FLOPS）可達每秒百億億次（即 10 的 18 次方）。一眾全球模式中平均預測表現最好的歐洲模式，現時浮點運算能力則為每秒千萬億次（即 10 的 15 次方），對應解像度為 9 公里[1]。當局目標是在 2025 年將解像度提升至 5 公里，並於 2030 年代將解像度進一步收窄至 1 公里。

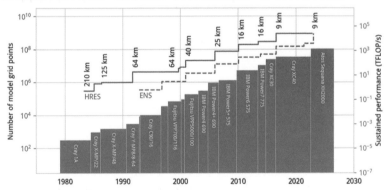

圖 1. 歐洲模式決定性預報（HRES）和集成預報（ENS）解像度的歷年變化。圖表左側顯示電腦模式網格點數量；右側顯示可持續浮點運算能力，單位為 10 的 12 次方（TFLOPS）。圖片來源：ECMWF。

1 歐洲模式於 2023 年 6 月 27 日作出更新，首 15 日集成預報的解像度與決定性預報看齊，均為 9 公里。

即使現今全球模式解像度已達 10 公里以下的水平，仍難以準確無誤地預測強對流。對電腦模式來說，1 至 10 公里的解像度位於「對流灰色地帶」（convective grey zone），處於灰色地帶的電腦模式就像戴了度數不足的眼鏡，分析強對流時只能「睇到啲啲」。因此，要更準確分析強對流，就須把電腦模式的解像度提升至接近強對流大小，即 1 公里左右的的水平。這個級別的電腦模式亦被稱為「可運算強對流模式」（convection-permitting models）。

讀者閱畢以上內容，可能都會心生疑問，「咁其實即係點」？換句話說，原理就如大家平時在串流網站觀看影片時，可以選擇不同級別的畫質。同樣地，我們可以將電腦模式的解像度分為不同級別，大致對應不同大小的天氣系統。低清甚至「起格」的 144P 或 240P，只能令我們朦朧地看到副熱帶高壓脊等大尺度天氣系統；高清的 720P 或 1080P，則達到可以應付熱帶氣旋等天氣系統的門檻；而要達至可運算強對流模式的水平，就須將畫質提升至超高清的 4K 甚至 8K。然而，與 4K 已成家常便飯的影視產品和串流網站不同，全球模式現今尚未進入超高清畫質變得普及的世代。

每當超級電腦提升解像度，所須的運算能力都會呈指數增長，以應付大幅增加的網格點和輸入的數據量，能源需求自然亦更大。回到上段的比喻，雖然「4K 直拍」可以讓觀眾看清表演者在舞台上的樣貌和神態舉止，但如果讀者只是使用智能電話的有限數據上網，一般都會退而求其次，播放影片時選擇較低的解像度。同樣道理，雖然現今世代最頂尖的超級電腦已具運算強對流的能力，但如果要恆常為全球範圍提供如此精細的預測，能源消耗量會極大，一方面不符合經濟效益，另一方面亦產生環保問題。

有見及此，不同機構正研究提升全球模式的「可擴展性」（scalability），策略包括更新硬件設備和改善數據處理的方法，旨在提高電腦模式的能源效率（energy efficiency），令預測變得更精細之餘，經濟效益亦得以維持。以歐洲模式為例，當局近年在意大利波倫亞的一個前煙草廠設立了新的數據中心，其硬件設備和運作模式均考慮了能源效率。此外，波倫亞將成為歐洲模式新一代

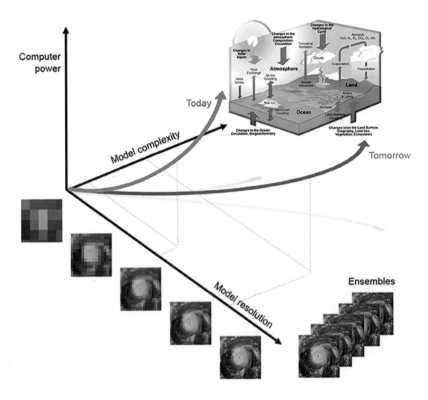

圖 2. 超級電腦模式解像度、運算能力和複雜程度的關係示意圖。圖片來源：ECMWF。

超級電腦的「根據地」，當局亦會在該處興建一所國際研究中心。這個新根據地空間較大，加上是連結歐洲學術界的樞紐，當局相信新基建的選址會有助歐洲模式迎接天氣預測的「超高清世代」。

按照現時發展軌跡，超級電腦預計會在 2030 年代中段進入十萬億億次（zettasacle）世代，屆時最頂尖的超級電腦浮點運算能力可達每秒十萬億億次（即 10 的 21 次方），而百萬億次級的超級電腦亦會變得符合經濟效益，相信會令全球模式就強對流的預測有顯著改善。

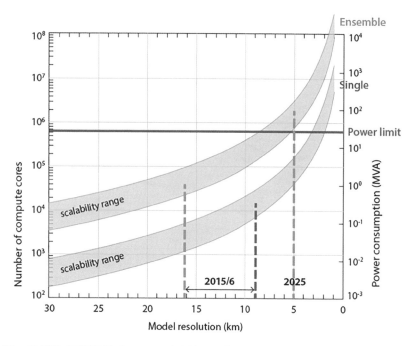

圖 3. 歐洲模式可擴展性（scalability）圖表。圖表左側顯示超級電腦配備的核心數量；右側顯示能源消耗量，單位為百萬伏安（MWA）。圖表灰色所示為可擴展性範圍，假如歐洲模式可擴展性較高，同一解像度的預測所消耗能源會較低，反之亦然。圖片來源：ECMWF。

217

第 三 章

冬季與夏季天氣

3.1

冷風？冷鋒？

鋒前鋒後大不同

每當冷空氣於北方累積之後南下，都容易形成冷鋒。「冷鋒」並非指純粹的「冷風」，實際是指冷暖空氣交匯之處，鋒後的冷空氣會向前推進並取代暖空氣，因此冷鋒掠過後天氣一般會轉涼。

值得留意的是，冷鋒其實不只在冬天出現。冷暖氣團交匯之處前後存在明顯溫差，乃定義冷鋒的主要準則，而有關溫差不一定必須由冬季期間強度較高的冷空氣引起。一些於深秋或初春期間南下的冷空氣，即使強度較弱，只要與暖氣團的溫差明顯，仍可以有冷鋒出現。

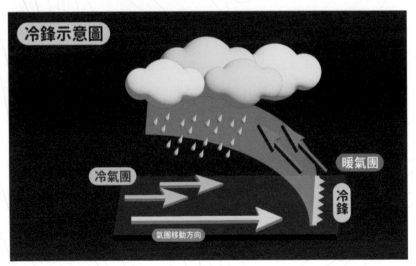

圖 1. 冷鋒示意圖。

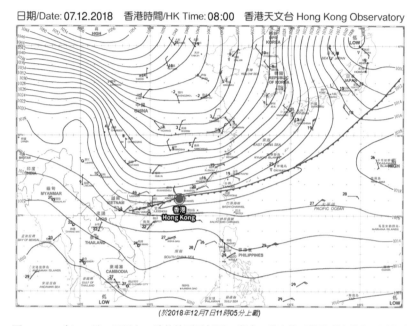

圖 2. 2018 年 12 月 7 日早上 8 時的地面天氣圖，當時一道冷鋒正橫過廣東沿岸。圖片來源：香港特別行政區政府香港天文台。

春夏活躍的低壓槽與冷鋒同屬鋒面系統，兩者共通點是冷暖空氣的交匯處容易有對流發展，但低壓槽與冷鋒相比，槽前槽後兩側的溫差並不大。一般情況下，冷鋒通過期間亦會帶來降雨，但冷鋒甚少如低壓槽般可以滯留在同一範圍一段時間，因此其帶來的降雨通常不及低壓槽持續。

此外，冷鋒還有暖鋒這個「難兄難弟」。暖鋒顧名思義是冷鋒的相反，是指暖空氣往冷空氣方推進。然而，華南沿岸的先天地理因素使暖鋒較難孕育；因此受寒冷天氣支配時，甚少會出現暖空氣反撲導致的急速升溫。

當西伯利亞的冷空氣向南移動時，它們會與原先盤據於中國南方的較暖空氣相遇。隨著冷鋒漸漸跟著冷空氣往南擴展，鋒前較暖氣團會遭壓逼而堆積起來，

因此冷鋒通過前有機會出現俗稱「鋒前增溫」的現象，天氣變得相對和暖。

一般而言，冷鋒莅臨之際，如果天文台預測翌日最低氣溫只有 12 度或以下，便會發出寒冷天氣警告以提醒市民。但若鋒前增溫明顯，發出寒冷天氣警告之時本港氣溫有機會仍然高達 20 度以上。讀者遇上這些情況時，第一反應可能是「熱到流曬汗喎？寒冷？邊度寒冷啊？睇過？」。以 2006 年 3 月 12 日的個案為例，天文台於當日下午 4 時 20 分發出寒冷天氣警告，當時市區氣溫仍有約 23 度。但隨著一道冷鋒於當晚橫過廣東沿岸，本港氣溫驟降，翌日市區錄得的最低氣溫只有約 9 度。

由此可見，冷鋒橫過前後，氣溫可以出現急劇且大幅度的變化；而寒冷天氣警告的發出亦表示臨時避寒中心須開放予有需要人士入住。因此，提早預警可令市民和相關部門及早做好準備。

踏入深秋後，冷鋒南下會逐漸變得頻繁。由於冷鋒可於一日內的任何時間點通過香港，市民除了留意即時氣溫，以及當日最高和最低氣溫的預報外，亦可多加留意天文台天氣預報中對冷鋒的描述。假若冷鋒在接近深夜時份橫過香港，當日最高氣溫很可能在半夜（即當日日出時間之前）已經出現。相反，如果冷鋒在下午至黃昏才橫過香港，當日晝夜溫差會較大，而晚間氣溫更可能急速下降，較晚歸家的市民宜在早上出門前預先帶備額外衣物。

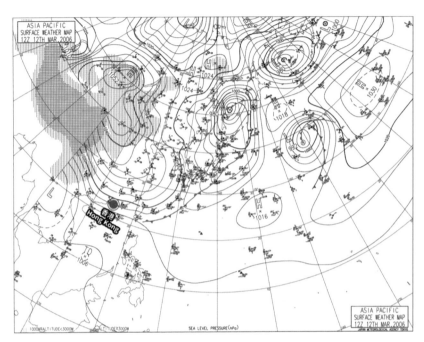

圖 3. 2006 年 3 月 12 日晚上 8 時由日本氣象廳發布的地面天氣圖,當時一道冷鋒正橫過廣東沿岸。圖片來源:Digital Typhoon。

3.2
新界再低幾度？
「**輻射**」冷卻不用怕！

每逢冬季，大家經常會在天氣報告中聽到「新界再低一兩度」。不少傳媒報道寒潮消息時，亦會引用位於新界北部的打鼓嶺低溫預測。相信對於居住新界的讀者來說，冬日早上離開溫暖的床鋪絕對是一個大挑戰。或者不少新界人心中有個疑問：「點解新界成日都凍啲？」

新界比市區冷的原因，其實與「輻射冷卻」（radiative cooling）有關。讀者如果曾選修物理課，應該還會對傳熱的三種方法：傳導（conduction）、對流（convection）和輻射（radiation）有一定印象。此輻射不同彼輻射，此處提到的輻射與核輻射無關，而是傳熱相關的輻射。

地面在日間會接收來自太陽的熱能，入夜後這些熱能便以輻射形式釋放至太空。輻射冷卻越明顯，夜間降溫幅度越大。熱能散發的效率則視乎三個因素：雲量、風力和相對濕度。

假如入夜後雲層較厚，情況就如我們睡覺蓋被一樣，熱能難以散發。另一方面，相對濕度較高時，空氣中的水氣亦會阻擋熱能向外散發。而當風勢較大的話，則會令冷空氣與周遭空氣混和在一起並變暖。因此，輻射冷卻明顯的日子，往往是上述三個情況的相反：天朗氣清、乾燥、風力微弱。

在香港，新界較容易出現輻射冷卻，尤其是新界北部。這是歸因於新界較多地區位處內陸，入夜後沒有海洋調節氣溫，熱能散發速度較快。

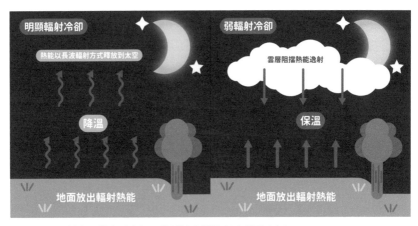

圖 1. 明顯輻射冷卻效應（左）及弱輻射冷卻效應示意圖（右）。

輻射冷卻的出現亦有機會導致結霜。霜是空氣中水氣凝結而成的冰晶，並會在冰冷物件的表面聚集。當輻射冷卻明顯，地面及無遮蔽物體的表面溫度會快速下降，降至冰點以下時便容易出現結霜。

近年輻射冷卻的例子發生於 2021 年 1 月中旬，當時打鼓嶺、北潭涌氣溫分別降至零下 0.9 度和零下 0.5 度，為上述兩站創站以來的新低。新界空曠地區出現廣泛結霜，除打鼓嶺外，元朗、石崗、沙田、上水等地均接獲結霜報告，這些地區當時氣溫亦降至約 2 至 3 度[1]。

---

1 基於比熱容（specific heat capacity）的差異，物體表面和空氣的降溫幅度會有差異，因而出現氣溫高於 0 度，但物體表面低於 0 度的情況。

圖 2. 2021 年 1 月 13 日早上，新界多處出現結霜。鳴謝 Irwin Wong 提供圖片。

至於為甚麼該次輻射冷卻特別強勁？主要是 2020 年 12 月底有一波寒潮抵達，
華南氣溫下降了一個台階；首波寒潮緩和後不久，華南沿岸再迎來冬季季候風，
空氣未能及時回暖。此外，2021 年 1 月初天氣持續非常乾燥，而隨著轉晴和
風勢減弱，加上實力雄厚的「基本盤」等因素下，同月中旬新界便出現可謂破
紀錄的輻射冷卻。

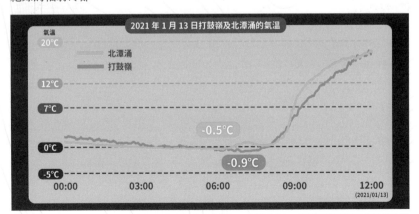

圖 3. 2021 年 1 月 13 日打鼓嶺及北潭涌氣溫變化。資料來源：香港特別行政區政府香港
天文台。

3.3
極渦南下？
冷空氣襲港還須過重重關卡！

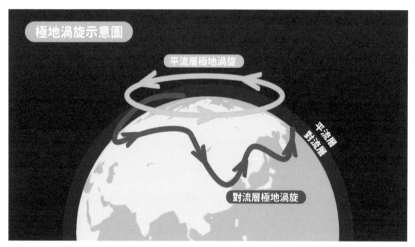

圖 1. 平流層極地渦旋和對流層極地渦旋示意圖。

近年每逢極端寒冷天氣出現，我們都會從媒體聽到「極地渦旋南下」這類字眼。遠在北極的渦旋到底和香港天氣有甚麼關係？冷空氣又是如何長途跋涉來到香港呢？

首先，極地渦旋這個詞語其實有兩種截然不同的解讀。第一種指的是出現在平流層（離地面約 15 至 50 公里高）的極地渦旋。踏入秋季，極地開始出現全日沒有陽光的「極夜」，與較南面的地區的溫差逐漸擴大。因應這個溫差，平流層會發展出圍繞極地旋轉的西風環流，即學術上的極地渦旋。

與大眾理解或許不同，這個渦旋其實是一個「金剛圈」，將冷空氣鎖在極地附近。隨著極夜於春季消逝，極地重新受陽光照耀，與較南面的地區的溫差變細，平流層的極地西風環流亦會瓦解。

媒體口中的極地渦旋，通常指第二種解讀，即出現在對流層中高部（離地面約 10 至 15 公里高）的極地渦旋。它同樣是圍繞極地旋轉的西風環流，亦是冷空氣的金剛圈。與平流層極地渦旋不同的是，它常年存在，覆蓋範圍較廣，波動更頻密，對地面天氣的影響亦更直接。

	平流層極地渦旋	對流層極地渦旋
出現高度	離地面約 15 至 50 公里高	離地面約 10 至 15 公里高
發展時間	秋季發展，冬季最強，春季消退	全年存在，但同樣在冬季最強
覆蓋位置	邊緣約為北緯 60 度	邊緣一般可南下至北緯 40 至 50 度
型態波動	平均每兩年出現一次較大波動	一年內波動頻密，變化較大

表 1. 平流層極地渦旋和對流層極地渦旋的對比。

值得留意的是，平流層極地渦旋平均每兩年會出現一次較大波動，圍繞極地旋轉的西風會減弱甚至轉為東風。此時冷空氣不再被鎖住，平流層會出現急速增溫（sudden warming），隨後有機會下傳至大氣較低層面。然而，這種波動導致的地面天氣變化較間接，學術界仍在探討當中。

與我們有更切身關係的是對流層極地渦旋。就氣候平均值而言，它在北半球有兩個中心，分別落在加拿大巴芬島和俄羅斯西伯利亞東北部。可是，這些中心不僅會移動，當對流層極地渦旋出現較大波動時，甚至會分裂為數個副中心。試將對流層極地渦旋想像為一個蛋糕，而不同的生日會或派對出席人數不一，眾人口味和食量亦各有異。因此，這件蛋糕到底會分予何人，蛋糕應分為多少

件，每一件蛋糕的大小，大多時候都是說不定的。有如這些渦旋副中心的數量、出現位置和各自強度同樣存在變數。

因此，近年經常聽到的極地渦旋南下，其實不是說整個渦旋離開北極大舉南侵，而是針對極地西風環流內的不同中心。假如對流層極地渦旋波動較大，其邊緣會更容易出現扭曲，在部分地區甚至可能明顯南伸。隨著這個金剛圈稍為鬆綁，冷空氣便伴隨不同分裂出來的中心逃離極地。但和蛋糕比喻一樣，這些冷空氣會分給北美洲、歐洲還是亞洲，也是說不定的。

即使亞洲成功分一杯羹，部分北極冷空氣抵達「冷藏庫」西伯利亞，仍與香港有一段距離。它們能否長驅直進，得先看第一重關卡，即西風帶的面色。

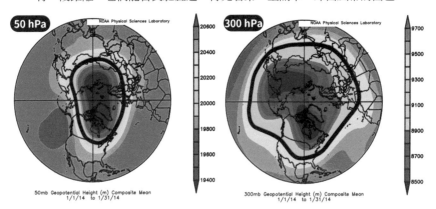

圖 2. 2014 年 1 月北半球（左）50 百帕（反映平流層極地渦旋）和（右）300 百帕（反映對流層極地渦旋）的平均位勢高度分析，藍紫色區域大致對應渦旋中心，粗黑線則表示渦旋邊緣。圖中可見對流層極地渦旋覆蓋範圍較廣，邊緣形狀相對不規則，而且於北美洲和西伯利亞各自存在一個中心。圖片來源：NCEP 再分析。

受中亞特殊地形影響，西風帶遇上高聳入雲的青藏高原時，須拐道而行，分裂為北分支和南分支。更接近西伯利亞的北支西風，便是冷空氣進一步南下的推手。另一方面，西風本身亦不是一條直線，在不同位置會存在隆起的暖脊。北支西風的暖脊在甚麼位置出現、隆起的幅度為多少，不但主導脊前高空氣流的走向，亦與冷空氣南下路徑息息相關。

暖脊恍如一道滑梯，冷空氣則是滑梯上的準備「瀡」下來的人。冷空氣最終前往何處，須視乎滑梯的方向和斜度。假如滑梯面向日本，或者滑梯斜度不足夠令冷空氣往南「瀡」，那就算亞洲從對流層極地渦旋中分得到最大份的蛋糕，香港都只會「有份睇，無份食」。

因此，與「暖」字給人的第一印象不同，北支西風出現越強、隆起幅度越明顯的暖脊時，脊前高空氣流的波動通常會更大，彷彿化身為更斜的滑梯，反而有助累積在西伯利亞的冷空氣大舉南下。

簡單總結而言，冷空氣能否順利南下，相當視乎北支西風槽軸的走向。假如槽軸呈西南、東北走向，加上有南伸跡象，冷空氣一般能推進至華中；相反，若槽軸呈南北走向，且相對短淺和快速往東移動，伴隨的冷空氣便會擴展至亞洲東部的韓國和日本等地。

冷空氣到達華中後，則會遇上第二個關卡，即位於華南北部的南嶺山脈。由於冷空氣屬地面開始積聚的天氣系統，如果累積得不夠深厚便已南下，遇上最高逾 2000 米的南嶺時就有機會卡關。這個時候，更接近華南沿岸的南支西風便

圖 3. 西風帶南北分支和槽脊概念示意圖。

能發揮作用。假如南支西風活躍，其槽前氣流一方面會為華南沿岸帶來降水，同時亦能向較淺薄的冷空氣「伸出援手」，推動它們跨越南嶺。

上述兩個關卡主宰著冷空氣能否南下、如何南下。一般而言，我們可以將冷空氣南下路線分為西路、中路和東路三類，它們為香港帶來的天氣變化有著不少差異。

圖 4. 冷空氣三種路徑，以及南嶺、福建武夷山位置的示意圖。

先談對本港影響最大的西路冷空氣。顧名思義，這類冷空氣採取的路徑偏西，對應著最斜的滑梯。它們南下幅度通常最明顯，低溫覆蓋範圍（學術上稱為「冷舌」）可延伸至北部灣，甚至泰國、緬甸等地所處的中南半島北部。西路冷空氣來襲時，華南沿岸的氣壓梯度會相當緊密，帶來頗大的偏北風，並觸發劇烈降溫。

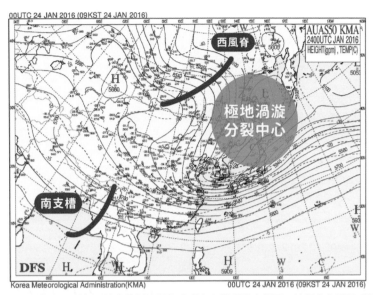

圖 5. 2016 年 1 月下旬西風脊將極地渦旋分裂中心推到較南位置,並與南支槽聯手為華南沿岸帶來強烈寒潮。圖片來源:韓國氣象廳。

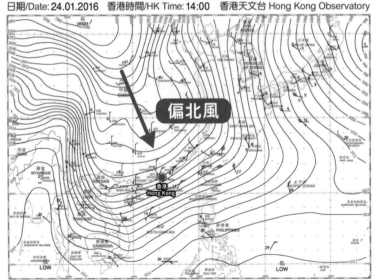

圖 6. 2016 年 1 月 24 日下午 2 時地面天氣圖,華南沿岸氣壓梯度相當緊密,本港吹偏北強風。圖片來源:香港特別行政區政府香港天文台。

2016 年 1 月底影響本港的強烈寒潮是西路冷空氣的一個例子。當年 1 月對流層極地渦旋出現劇烈波動，分裂出來的副中心直接南下至東亞北部。北支西風的暖脊亦在中亞明顯隆起，有助逃離北極的冷空氣進一步南下。同時，南支西風相當活躍，為華南沿岸帶來有利降水的大氣條件。多方因素配合下，1 月 24 日天文台總部氣溫下降至 3.1 度，是 1957 年以來最低，香港部分地區更出現凍雨和雨夾雜小冰粒的冬季降水現象。

中路冷空氣是冬季最常見的類別。一言以蔽之，它們說強不強、說弱不弱。不同中路冷空氣個案帶來的氣溫和風力變化存在不少差異。當本港受中路冷空氣影響時，會吹東北偏北或東北風，亦有機會出現寒冷天氣。

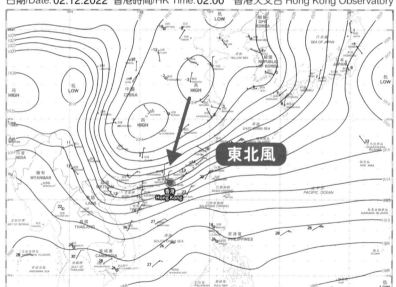

圖 7. 2022 年 12 月 2 日早上 2 時地面天氣圖，本港正受中路冷空氣影響，天文台總部當日錄得最低氣溫為 13.6 度。當時冷高壓中心開始東移，但未移至東海，本港吹東北偏北風。圖片來源：香港特別行政區政府香港天文台。

東路冷空氣則在冷空氣南下乏力時出現。當暖脊這道滑梯不夠斜，冷空氣主體直接移至韓國和日本等地，或者冷空氣不夠深厚而被南嶺卡住時，部分冷空氣會另闢蹊徑，沿台灣海峽南下，並以東風潮的形式影響本港。這些冷空氣南下時途徑長長海路，到達華南沿岸時已明顯變暖，因此帶來的降溫幅度亦較細。然而，由於本港吹東風時缺乏地形屏蔽，風力反而會較強，離岸可能吹強風，個別東路冷空氣甚至可以為離岸帶來烈風，與較強三號風球的風力相若，有機會導致強烈季候風信號的發出。

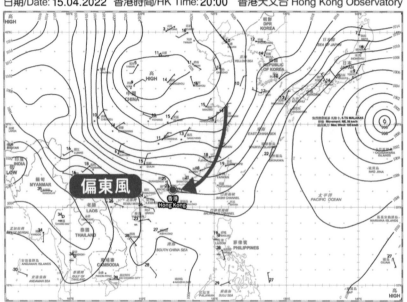

圖 8. 2022 年 4 月 15 日晚上 8 時地面天氣圖，當時本港受東路冷空氣影響，東風增強，天文台須發出強烈季候風信號。圖片來源：香港特別行政區政府香港天文台。

要預測冷空氣何時南下，電腦模式固然重要，但我們亦可參考一些協助短期預報的傳統工具。首先，根據天文台2010年7月發表的天文台網誌《貝加爾湖》，預報員以位於西伯利亞的貝加爾湖作為指標。一般來說，當西風槽軸掠過貝加爾湖，兩天後便會有一股冬季季候風抵達香港。

此外，冷空氣短期預報還有兩個相關數字，分別為 ΔP(972) 和 ΔP(S)。ΔP(972) 指的是郴州和本港的氣壓差，用作預測北風潮（一般對應西路和中路冷空氣）的抵港時間。當 ΔP(972) 數值為正數時，代表郴州氣壓較香港高，數值越高一般代表北風潮越接近本港。

冷空氣路徑	本港降溫幅度	本港風向和風力
西路	最大，有機會帶來極端低溫天氣	偏北風，風勢較大
中路	中等，不同個案之間降溫差異較大	東北風為主，不同個案之間風力差異較大
東路	較細，帶來寒冷天氣的機會不大	偏東風，風勢較大

表 2. 冷空氣不同南下路徑的對比。

ΔP(972) 數值	預測北風潮抵港時間	ΔP(972) 數值	預測北風潮抵港時間
6 百帕	18 小時內	8 百帕	12 小時內
7 百帕	15 小時內	9 百帕	9 小時內

表 3. 不同 ΔP(972) 數值對應的北風潮抵港時間預測。資料來源：香港特別行政區政府香港天文台於 1989 年 10 月發表的《技術報告第 83 號》。

ΔP(972) 亦可用作預測北風潮的強度。當數值在 6 小時內上升超過 2 百帕，或預測可達 10 百帕時，北風潮便可能為離岸帶來強風。

需要留意的是，ΔP(972) 於深秋或初春的誤差較明顯。這是因為郴州位於南嶺以北，而這些時節的冷空氣厚度一般不足，可能無法跨越廣東北部的高山峻嶺，須改走東路影響香港。

ΔP(S) 則是上海和香港的氣壓差，用作預測東風潮的風勢。與 ΔP(972) 一樣，

當 $\Delta P(S)$ 數值為正數，代表上海氣壓較香港高，而當數值達 8 百帕或以上，東風潮便有機會令離岸吹強風。

最後值得一提的是，即使冷空氣順利抵達本港，仍須面對境內接近 1000 米高的大帽山，即第三重關卡。以吹北風的西路冷空氣為例，它們抵埗時，往往不是令全港同步降溫，而是從本港西部和北部開始滲透。如冷空氣不夠深厚，甚至會滯留在大帽山以北，導致新界氣溫明顯低於港九市區。相反，受東風潮影響時，本港東部會首當其衝，氣溫甚至可明顯低於大帽山後方的新界西北部。

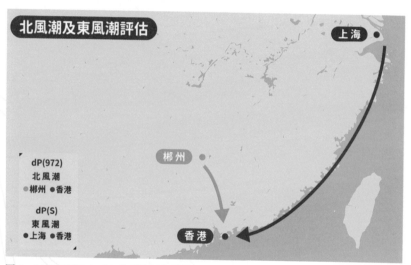

圖 9. $\Delta P(972)$ 和 $\Delta P(S)$ 參考的氣象站位置示意圖。資料來源：香港特別行政區政府香港天文台於 1989 年 3 月發表的《技術報告第 79 號》、1989 年 10 月發表的《技術報告第 83 號》。

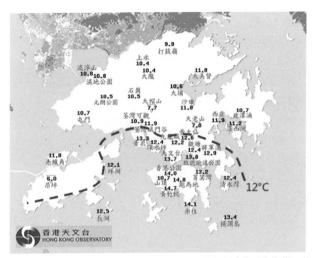

圖 10. 2020 年 12 月 17 日早上 6 時的氣溫分布圖，當時本港受北風潮影響，惟寒冷天氣集中影響大帽山後方的新界地區，反映部分冷空氣未能跨越本地山脈。圖片來源：香港特別行政區政府香港天文台於 2020 年 12 月發表的天氣隨筆《寒潮過三關》。

3.4
濕冷定乾冷？
還看南支槽與冷空氣厚度

常言「香港濕凍世界第一」。冬季冷空氣影響香港時，有時確實是濕冷，但亦有乾冷出現的時候。那到底影響乾、濕冷出現的因素是甚麼呢？

一般來說，冷空氣影響本港期間，近地面會吹北風，惟這不能反映大氣中層情況。到底是乾冷或濕冷跑出，還要視乎 500 百帕（約 5500 至 6000 米高空）和 850 百帕（約 1500 米高空）的天氣情況。

500 百帕天氣圖可供我們分析高空西風帶的情況。當西風帶槽軸由西北移向東南，代表西風槽加強，而從西南移向東北則代表西風槽「北收」。我們可以將西風分為左右兩側，槽的左方或後方為下沉氣流，不利對流發展；反之，右方或前方則代表上升氣流，有利對流發展。

850 百帕的天氣情況，則象徵冷空氣的厚度。當 850 百帕吹北風，代表冷空氣較深厚，有利乾冷；吹南風則代表冷空氣較薄弱，大氣中層未受其主導。

層面	500 百帕	850 百帕	近地面
乾冷	西北風	偏北風	偏北風
濕冷	西南風	偏南風為主	偏北風

表 1. 乾、濕冷時不同層面的風向。

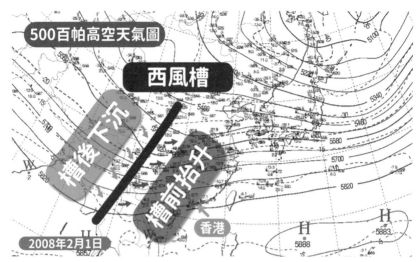

圖1. 2008年2月1日的500百帕天氣圖，香港位於西風槽右方，槽前抬升有利對流發展。
圖片來源：韓國氣象廳。

一般來說，當500百帕吹西南風、850百帕吹南風、地面吹偏北風，代表本港位於西風槽前沿、有冷空氣影響但不算深厚，有利對流發展，故會是「濕冷」。其中一個例子是2008年2月的長命濕冷，當時南支西風活躍，西南氣流在大氣中低空將孟加拉灣的水氣帶至華南沿岸，該區大氣出現上層暖濕、下層寒冷的情況；另外，本港位於西風槽前，有利對流發展，最終誘發連綿濕冷，天文台總部寒冷天氣日數長達24日，是數十年來維持最久的一次。

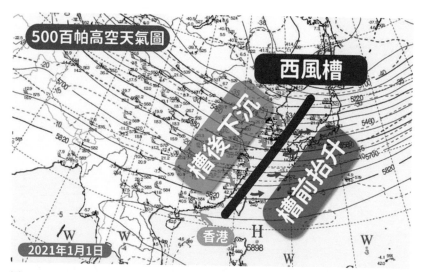

圖2. 2021年1月1日的500百帕天氣圖,香港位於西風槽左方,槽後下沉不利對流發展。
圖片來源:韓國氣象廳。

2021年1月初則是一次乾冷。當時本港位於西風槽後方,下沉氣流不利對流
發展,加上850百帕亦吹北風,代表冷空氣相當深厚,而非上層暖濕、下層寒
冷的情況。最終,1月1日天文台總部錄得8.6度低溫。當日本港天晴和非常
乾燥,日間相對濕度降至百分之30或以下。

3.5

小冰粒、凍雨？
淺談香港降雪條件

下雪等冬季降水（winter precipitation）現象，在高緯度地區可謂家常便飯，但對位於亞熱帶的香港來說就相當罕見。除了本身天氣相對和暖外，香港還缺乏甚麼大氣條件，令冬季降水現象難以出現呢？

除了雪外，小冰粒（ice pellets）和凍雨（freezing rain）也是常見的冬季降水現象。既然是降水，它們和普通降雨一樣，都需要水氣、大氣不穩定性和抬升三大條件。至於降水到達地面時會呈甚麼型態，則須視乎大氣不同高度的氣溫。

先談最容易理解的雪。由於水在 0 度或以下會呈固態，只要大氣不同高度的氣溫均處於冰點或以下，降水在抵達地面前自然不會融化，形成降雪。

一般來說，氣溫會隨高度上升而降低。然而，有時大氣中低空存在一層暖空氣，導致氣溫不降反升，學術上稱為逆溫層（temperature inversion）。如果逆溫層氣溫處於 0 度以上，冰晶降落期間就會融化，無法以純雪的型態觸地。

至於降水能否演變為小冰粒或凍雨，則視乎大氣低空至近地面的氣溫。如果大氣低空至近地面之間冷空氣勢力較強，氣溫維持在 0 度或以下，降水到達地面前便有足夠時間再凝結，形成小冰粒。相反，假設逆溫層延伸至大氣低空，即使近地面氣溫為冰點以下，降水也未必能在短時間內重新凝結，只能在觸地一刻結冰，形成凍雨。

上述可見，地面溫度不足以主宰會否降雪。實際上，即使地面溫度稍高於 0

度，但只要大氣近地面至中低空的逆溫層不明顯，配合近地面較為乾燥，仍可能有雨夾雪（rain and snow mixed）甚至純雪出現。一方面，部分冰晶本身能趕及在融化前抵達地面。另一方面，冰晶融化期間會吸收潛熱（latent heat of fusion），周遭環境被吸收熱能後亦會稍為變冷，令其他冰晶的融化速度被拖慢，有助它們以降雪的型態觸地。

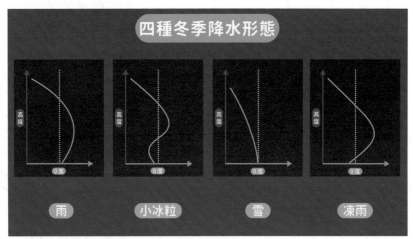

圖 1. 不同冬季降水型態對應的大氣垂直溫度分布。

近年香港最令人印象深刻的冬季降水，無疑是 2016 年 1 月下旬的強烈寒潮。當時香港部分地區接獲雨夾雜小冰粒的報告，大帽山則出現凍雨。為甚麼香港當時出現了這些類型的冬季降水，卻沒有下雪呢？我們可以從 1 月 24 日早上的探空資料找出箇中因由。

首先，當日約 2000 至 4000 米高空出現了逆溫層，氣溫高於 0 度。就算有冰晶於更高空形成，進入這個較厚的逆溫層後亦會完全融化，抑制了純雪的發展。

降水下探至約 2000 米高空時，周遭氣溫重新降至冰點或以下。然而，降水抵達海拔近 1000 米的大帽山前，未必有充足時間再度凝結。當時大帽山氣溫下探至零下 6 度，未變為小冰粒的降水接觸地面時，便結冰並形成凍雨。

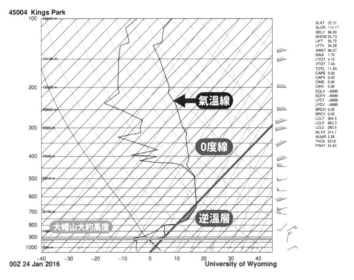

冰點或以下的氣溫一直維持至約 500 米高空，令部分降水可重新凝結為小冰粒。雖然近地面的氣溫重新上升至 0 度以上，但這層暖空氣相對淺薄。因此，部分小冰粒再次融化為雨水，但亦有一些小冰粒成功達陣，部分地區因而觀察到雨夾雜小冰粒的現象。

圖 2. 2016 年 1 月 24 日早上 8 時京士柏探空數據圖，可見當時 2 至 4 公里高空出現逆溫層，氣溫處於冰點以上。圖片來源：懷俄明大學。

🌀 氣象 Q&A：此 sleet 非彼 sleet

2016 年 1 月下旬強烈寒潮期間，部分氣象迷認為天文台應使用「雨夾雪」而非「雨夾雜小冰粒」形容當日冬季降水。此番言論似乎源於「sleet」一詞的不同翻譯。然而，這個詞語在不同地區其實是指不同天氣現象。在美國，此詞用作形容小冰粒。在英國，此詞則是指半融不融、雨夾雜雪花的情況。

當日降水先於逆溫層融化，進入大氣低空後再度凝固，機制上更接近小冰粒（對應美國的 sleet），而非接近地面才首度開始融化的雨夾雪（對應英國的 sleet）。由此可見，天文台使用的「雨夾雜小冰粒」說不上是錯誤描述。

圖 3. 2016 年 1 月下旬強烈寒潮期間，大帽山出現凍雨，MET WARN 成員拍攝到該處路面和植物因而結冰的景象。

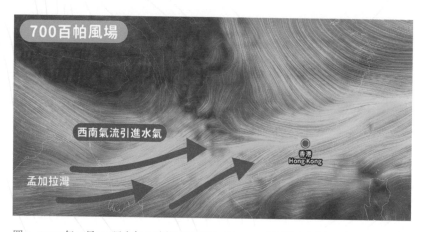

圖 4. 2016 年 1 月 24 日上午 8 時的 700 百帕（約 3000 米高空）風場分析，可見華南沿岸吹西南風，引進了孟加拉灣的水氣，同一時間探空資料顯示該高度附近出現逆溫層。圖片來源：earth.nullschool.net。

當日大氣中層的逆溫層是如何出現呢？如早前章節所言，華南沿岸冬季要出現降水，通常須依靠南支西風。南支槽前除了有利空氣抬升，亦可透過其西南氣流，將孟加拉灣的水氣引進華南沿岸。然而，這也代表大氣中低空會受相對和暖和潮濕的空氣支配，反而促進逆溫層發展。由此可見，逆溫層和有利降水的大氣條件可謂近乎共生關係，這也是華南沿岸難以出現降雪或小冰粒的另一主因。

翻查歷史，天文台於二次世界大戰後曾四度接獲降雪報告。可惜的是，當時監測儀器沒有現今先進，只能記錄地面氣溫，冬季降水的評估亦建基於證人的耳聞目睹，缺乏高清天氣相片佐證。天文台在 2014 年 4 月發表的教育資源《臨近冰點的香港 - 觀測角度》中，亦表示除 1975 年的個案外，其餘三宗降雪報告的氣溫均高於零度，因此不排除 1967 年 2 月和 12 月，以及 1971 年 1 月實際發生的是其他冬季降水現象。

日期	降雪報告地點	天氣描述
1967 年 2 月 2 日	歌連臣角懲教所	微小雪粒， 當地氣溫約 8 至 9 度
1967 年 12 月 13 日	大帽山山頂附近	細小雪花往下飄， 當地氣溫約 6 至 7 度
1971 年 1 月 29 日	大帽山山頂附近	雲霧帶雪花，當地氣溫約 1 度
1975 年 12 月 14 日	大帽山山頂附近	輕微降雪， 當地氣溫約零下 3 度

表 1. 香港二次世界大戰後四次降雪報告的整合。資料來源：香港特別行政區政府香港天文台於 2014 年 4 月發表的教育資源《臨近冰點的香港－歷史角度》。

至於香港史上最冷的一日，亦報稱有明顯冬季降水。天文台總部於 1893 年 1 月 18 日錄得最低氣溫 0.0 度，但未有觀測到降雪。然而，當時報章描述港島太平山路面廣泛結冰，與凍雨大致吻合。根據香港天文台於 2014 年 4 月發表的教育資源《臨近冰點的香港－歷史角度》，時任天文台台長則在其報告指出香港的山脈受雪或白霜所覆蓋，但實際是甚麼冬季降水現象就已經無從考究了。

3.6

真係會凍冰冰、熱辣辣？
超級電腦信唔信得過？

近年每逢熱浪或寒潮，部分傳媒都會引用 Windy 顯示的電腦模式預測，報道不同地區可能出現的高低溫。我們在先前章節探討了電腦模式在熱帶氣旋和暴雨預測的限制，但對於氣溫，這些電腦模式又有多可靠呢？

Windy 顯示的是電腦模式直接輸出的結果（direct model output）。然而，受電腦模式解像度方面的限制，氣象部門預測一個地方的氣溫時，往往不會直接採用電腦模式直接輸出的結果。

以歐洲模式為例，其解像度為 9 公里，意指它將全球「切割」成大小均等的網格點（grid point），每格覆蓋 9 公里乘 9 公里（即 81 平方公里）的範圍。電腦模式預測天氣時會以網格點出發；簡單來說，其預測氣溫可以代表格內任何一處的情況。

香港雖然面積細小，但地形卻相當複雜，粗糙的網格點難以準確反映每一個地方的天氣實況。以尖沙咀天文台總部和毗鄰的維多利亞港為例，兩個地方屬於同一格，惟前者是陸地，後者卻是海洋，地理特質截然不同。如先前章節提到的比喻，電腦模式好比放大倍數不足的顯微鏡，無法透徹分析細微的地形差異，直接輸出的結果自然欠奉代表性。

相比一個氣象站的實況，電腦模式直接輸出的結果往往有系統性誤差（systematic error），即直接輸出的結果與實況長期有相若比例的誤差。氣象機構的責任，正是基於電腦模式過往表現、不同天氣情況下電腦模式的特性等

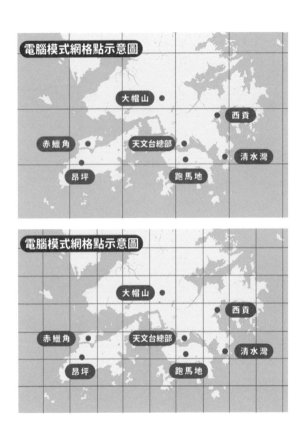

圖1. 電腦模式（上）較大範圍和（下）較細範圍網格點示意圖，本圖非按比例繪畫。

因素進行「後處理」（post processing），即把電腦模式直接輸出的結果用公式進行修正。天文台在預測本港氣溫變化時，亦是以經過後處理的電腦模式預測為基礎。

值得留意的是，不同電腦模式解像度有差異，代表不同電腦模式所切割的網格點大小可各有差異。電腦模式升級期間，亦不時會提升解像度或更改使用的物理公式。因此，氣象機構須針對不同電腦模式進行相應的後處理，而後處理的方法亦須隨著電腦模式升級而改變。

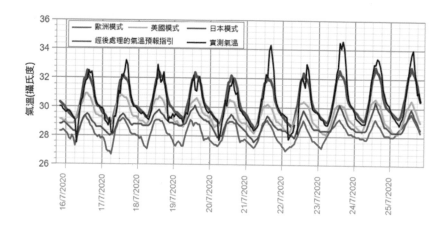

圖 2. 2020 年 7 月 15 日不同電腦模式的氣溫預測，可見不同電腦模式直接輸出的結果持續較實況低，經天文台後處理後的預測則較貼近實況。圖片來源：香港特別行政區政府香港天文台於 2020 年 9 月發表的教育資源《酷熱天氣的預報》。

3.7
熱對流天氣：
夏季小心天氣急變

踏入夏季，天文台有時會作出「部分時間有陽光，局部地區有驟雨」的預報，被一些網民戲稱「大包圍」。然而，香港確實會出現上午天晴酷熱，下午卻風雲變色、突降大雨的天氣。到底甚麼氣象條件會觸發這類天氣呢？

這類天氣的幕後黑手俗稱「熱對流」，即高溫觸發的對流活動。熱對流影響時間通常集中於下午至黃昏，覆蓋範圍亦較局部。然而，受熱對流影響的區域可以出現短時間暴雨，甚至狂風雷暴和冰雹等惡劣天氣。熱對流出現的準確時間、位置和強度相當隨機，因此較難提前預測。以本港為例，有時會出現新界北部受熱對流影響，港島卻繼續天晴酷熱的情況。

先前章節提及暴雨形成有三個條件：水氣、大氣不穩定度和抬升。熱對流涉及的主要是大氣不穩定度。日間隨著太陽直射，地面氣溫會上升，與大氣高空的溫差變大。當氣團較周遭環境暖，便可繼續往上升，促進對流發展。日間加熱一般在下午至黃昏達頂峰，這也解釋了為何熱對流較常在這些時間出現。

然而，夏季亦非每天有熱對流出現。這是因為熱對流發展同時取決於熱力條件和下沉氣流的強弱。我們可把熱力條件視為「煲湯」時的火候，下沉氣流則是抑制對流活動的「煲蓋」。以細火烹調時，就恍如熱力不足，湯不容易「滾瀉」；然而，若火候被加大，煲蓋便有機會承受不住而被「頂穿」。同樣地，若上升氣團能突破下沉氣流，便會有熱對流生成，反之亦然。

若香港受副熱帶高壓脊支配,熱對流出現的機會便較細。以 2018 年 5 月下旬為例,當年副高西伸異常早,華南沿岸受副高覆蓋,本港連日天氣酷熱;但由於副高內部下沉氣流強烈,因此當時未見熱對流發展。相反,如果香港只位處副高邊緣,未完全受副高掌控,熱對流發展的機會便相應較大。

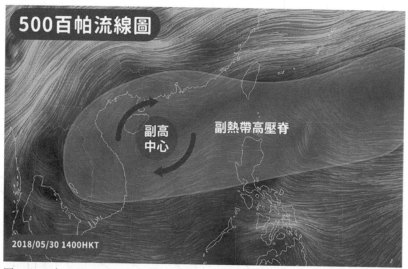

圖 1. 2018 年 5 月 30 日下午 2 時的 500 百帕流線圖。當時副高中心位於南海北部,本港被副高完全覆蓋,天晴酷熱,沒有形成熱對流。圖片來源:https://earth.nullschool.net。

當香港受熱帶氣旋外圍環流影響,反而可能有熱對流發展。雖然早前章節提到風暴外圍盛行下沉氣流,但這些下沉氣流絕非牢固不破的煲蓋。若香港受風暴外圍環流影響而吹西北風,內陸較熱的空氣會被吹至沿岸,並取代原先相對較涼的氣團,同樣有利對流發展。在這些情況,下午至黃昏內陸有機會有強雷雨區發展,並隨著北風移至本港。

惟必須強調的是,熱帶氣旋外圍環流影響期間會否有熱對流,還須視乎實際熱力條件、下沉氣流的強弱和風向等因素,不能一概而論。

八月下旬至九月中旬的晚夏季節也有機會出現熱對流。氣候角度上，此時西南季候風開始退場，但東北季候風亦未稱得上成氣候，副高強度也不如盛夏，未必能掌控華南沿岸。因此，本港有時會缺乏佔主導的天氣系統，恍如「三不管」，以微風、部分時間有陽光的悶熱天氣為主。沒了顯著下沉氣流的抑制，高溫自然容易於下午至黃昏觸發熱對流。

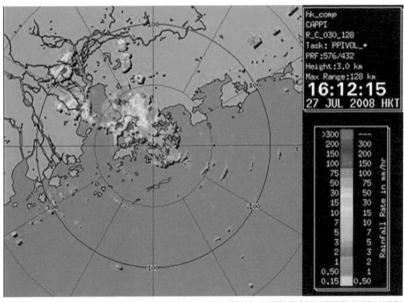

圖 2. 2008 年 7 月 27 日下午 4 時 12 分雷達圖，當時本港受熱帶氣旋鳳凰的外圍下沉氣流影響，隨後高溫觸發熱對流發展，並為新界西北部分地區帶來短時間暴雨、強烈狂風雷暴及冰雹，流浮山錄得每小時達 131 公里陣風。圖片來源：香港特別行政區政府香港天文台。

以 2022 年 9 月 18 日為例，當日本港屬三不管形勢，正午天晴酷熱，但下午隨即風雲變色，新界局部地區受熱對流影響。當時有多名在西貢附近玩獨木舟的市民被短時間暴雨和大風浪突襲，最終「反艇」並須由附近船家救起。

總括而言，若市民計劃戶外或水上活動期間，見到「部分時間有陽光，局部地區有驟雨」的天氣預報，千萬不要嗤之以鼻，不然興高采烈之際便可能被午後熱對流殺一個措手不及！

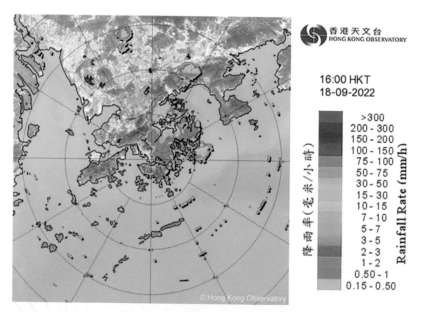

圖 3. 2022 年 9 月 18 日下午 4 時的雷達圖像，當時新界東北部分地區受熱對流影響，出現短時間暴雨和強烈狂風雷暴。圖片來源：香港特別行政區政府香港天文台。

圖 4.（左）2022 年 9 月 18 年下午西貢風雲變色，受熱對流影響，多隻獨木舟反艇；（右）獨木舟反艇後，市民被附近船家救起。鳴謝 MET WARN 讀者提供圖片 [1]。

---

1 有關 2022 年 9 月 18 年下午西貢對開海面受熱對流影響的情況，可掃描此 QR code：

3.8
同一個太陽，兩個溫度計，
點解爭咁遠？

圖 1. 位於天文台總部的溫度表棚。圖片來源：香港特別行政區政府香港天文台於 2019 年 5 月發表的教育資源《「草棚」下的溫度計》。

每當天氣酷熱，不少市民都會關心氣溫實況，張貼各區路邊溫度計所顯示的「氣溫」照片。這些溫度計測量所得的數據，與我們在天文台網站看到的數字到底是否可比較呢？

氣溫全稱是「空氣溫度」，代表空氣在不受太陽直接照射情況下的溫度。將溫度計放在室外或地面，或是在直接受太陽照射時所量度的數字是兩個截然不同的概念。

各地氣象部門設置氣象站測量氣溫都有相應規範。一般面言,溫度計須置於百葉箱或溫度表棚中,避免溫度計受到太陽直接照射或降雨影響,方可以準確量度空氣溫度。

讀者可能聽聞過,酷熱天氣期間,將雞蛋放置於太陽照射到的平面位置可成功將其煎熟。在高樓大廈玻璃反射熱能的幫助下,「戶外煎蛋」的成功率更高。其實這已反映了地面直接受太陽照射所測得的溫度,或可以遠高於空氣溫度。所以今後一但再於網絡上見到類似路邊溫度計顯示高逾 40 度之類的照片廣傳時,就不要誤以為這就代表空氣溫度了。

第 四 章
地 震 與 海 嘯

4.1
震級 vs 烈度、震度

「據香港天文台的分析，2022 年 3 月 14 日上午 2 時 29 分中國東南部近岸發生一次 4.1 級地震⋯⋯初步分析顯示本港的地震烈度為修訂麥加利地震烈度表的第 IV(四) 度，即懸掛的物件擺動。門、窗、碗碟發出響聲。」

相信有些讀者對「黎克特制」耳熟能詳，不過除了黎克特制外，其實與地震相關用語還有「修訂麥加利地震烈度表」或「烈度」（又名「震度」）。那「烈度 7」又會由幾多級的地震所造成？到底三者之間又有何分別？以下章節會為大家簡單講解與地震相關的用語。

黎克特制已經過時？

「震級」以數值刻度表達一次地震中釋放出來的能量。新聞中經常聽到的黎克特制由美國地震學家黎克特在 1935 年發明。可是，由於設計黎克特制震級時所採用的地震儀有限制，黎克特制震級在「近震震級」（M_L）[1] 大於約 7 級便會出現飽和跡象，或觀測點與震央距離超過約 600 公里時，數值便會變得不可靠。

因此，各地地震中心在綜合考慮多種因素或限制之下，會適當採用黎克特制或其他震級來表達地震的強度，現時天文台發布地震報告時亦不會特別提到黎克

---

[1] 「近震震級」（M_L）為後來經黎克特改良的地震震級。

特制。新聞報道中提到的黎克特制,實際上也是不需要的。

而目前被各地所採用的矩震級（M_w）,由地震學家金森博雄在 1977 年提出,在概念、計算算式上雖然與黎克特制不同,不過計算同一強度的地震時,利用矩震級和黎克特制震級作計算都可以得出大致相同的數值。然而,矩震級（M_w）的缺點是對強度較低的地震較難測出較準確的數值,因此美國國家地質調查局對於強度低於 3.5 級以下的地震時不會使用矩震級（M_w）。

震級與能量之間的關係是對數關係,震級每相差 1 級表示能量增加約 32 倍,相差 2 級就表示能量增加 1000 倍;即一場 8 級地震所釋放的能量,比一場 6 級地震多 1000 倍。

「烈度」又代表甚麼？

剛才提到「震級」是表達一次地震中釋放出來的能量。而烈度／震度則是表達某地點在一次地震中的搖晃及受影響程度。一般而言,地震強度愈高,烈度／震度便會愈高,但不代表兩次同一強度的地震在同一地方會錄得同樣的烈度／震度。烈度／震度會受震央距離、震源深度、地質環境等影響。而一次地震只會有一個震級,不過在不同地方會有不同烈度／震度。絕大多數的情況下,愈接近震央,烈度／震度便會愈高[2]。

世界各地有不同種類的地震烈度／震度,香港使用比較普及的「修訂麥加利地震烈度表」,分為 12 級。而香港人常到的旅遊地日本,日本氣象廳制訂了「氣象廳震度階級」,分為 10 級。一般而言,烈度／震度以地震搖晃的加速度作分級。以下會簡單介紹修訂麥加利地震烈度表及日本氣象廳震度階級。

---

[2] 在少數情況下,烈度／震度和震央距離會成負相關的關係。當發生深層地震的時候會出現距離震央越遠,烈度越強的現象。此現象稱為「異常震域」,原因通常是地震波在不同地質構造傳遞時的差異。經典例子有 2015 年在日本小笠原諸島近海發生的震源深度達 682 公里的 8.1 級地震,與震央距離遠達 800 公里的神奈川及埼玉分別錄得震度 5 強及 5 弱。

烈度	體感、周邊情況
I（1）	無感。屬於大地震影響範圍邊緣的長週期效應。
II（2）	在樓宇上層或合適位置，且在靜止中的人有感。
III（3）	室內有感。懸掛的物件擺動。類似小型貨車駛過的振動。持續時間可以估計。未必認為是地震。
IV（4）	懸掛的物件擺動。類似大型貨車駛過的振動，震盪感如大鐵球撞牆。停放著的汽車擺動。門、窗、碗碟發出響聲。緊靠的玻璃及陶瓷器皿叮噹作響。更甚時，木板牆和框架會發出吱吱聲。
V（5）	室外有感，方向可以估計。睡者驚醒。液體激盪，少量溢出容器之外。放置不穩的細小物件會移動或翻倒。門窗自開自合及搖擺。百葉窗及掛畫移動。擺鐘時停時擺或者時快時慢。
VI（6）	人人有感。多數人會驚慌跑出戶外。不易穩步而行。窗戶、碗碟、玻璃器皿碰破。書籍及小擺設從架上掉下。掛畫從牆上跌落。傢具移動或翻倒。不結實的灰泥及 D 類磚石建築出現裂縫。教堂和學校小鐘自鳴。樹木和叢林出現搖擺〔看見擺動或者聽到沙沙聲〕。
VII（7）	站立有困難。汽車司機感到地震。懸掛的物件抖動。傢具破壞。D 類磚石建築出現裂縫及損毀。脆弱的煙囪自屋頂破裂。灰泥、鬆散的磚塊、石片、瓦片、飛簷、孤立的矮牆及建築飾物紛紛墮下。C 類磚石建築出現若干裂縫。池塘揚起波浪。池水混濁有泥。沿沙石堤岸發生輕微山泥傾瀉和塌陷。大鐘自鳴。混凝土製的灌溉渠道受到破壞。[3]

3 為免含糊，磚、石等建築物的品質分為下列四類（這分類法與慣用的 A、B、C 建築分類法毫無關係）：A 類：工藝、灰泥、設計各方面均屬良好；並以鋼筋混凝土等加固，尤其能抵受側面壓力；B 類：工藝、灰泥均屬良好；有加固，但在設計上沒有詳細考慮抵受側面壓力；C 類：工藝及灰泥祇屬一般水平；雖不至於有牆角不銜接一類重大弱點，但卻沒有加固，更沒有抵抗水平壓力的設計；D 類：用料脆弱，如用土坯；灰泥質劣；工藝不佳；水平承受力弱。

VIII（8）	行駛中汽車受到影響。C類磚石建築出現損毀，部分倒塌。若干B類建築損毀，A類建築則不受影響。灰泥掉落，磚牆倒塌。煙囪、工廠煙囪、紀念碑塔、高架水塔等出現扭曲，甚至倒下。沒有釘牢在地上的木屋會在地基上移動，鬆的牆板會破落。腐朽的木柱折斷。樹枝脫落。泉井的水流或溫度出現變化。潮濕土地及斜坡出現裂縫。
IX（9）	大多數人恐慌。D類磚石建築被摧毀；C類重大損毀，間中有全面倒塌；B類亦嚴重損毀。〔地基普遍受到破壞〕。沒有釘牢在地上的木屋震離地基，木架扯斷。水塘遭受嚴重損毀。地下管道破裂。地面裂縫顯著。沖積土地上有泥沙噴射現象，形成地震泉和沙穴。
X（10）	大多數磚石建築及木屋均連地基摧毀。若干建造良好的木結構及橋樑亦遭摧毀。水壩、溝渠、堤岸受嚴重損毀。大範圍山泥傾瀉。引水道、河流、湖泊的水激盪拍岸。沙灘及平地上的泥沙作水平移動。鐵軌輕微彎曲。
XI（11）	鐵軌大幅度彎曲。地下管道完全失去作用。
XII（12）	破壞幾乎是全面的。巨石移動。地形改變。物件被拋擲至空中。

表 1. 修訂麥加利地震烈度表。資料來源：香港特別行政區政府香港天文台。

震度	體感、周邊情況
0	震度計會捕捉到搖晃，不過人體不會感受到。
1	對搖晃敏感的一部分人會察覺到地震。會誤以為是頭暈。
2	不少人會察覺到發生了地震，有部分人會在睡夢中醒來。懸掛的物件會有數厘米的搖晃。

3	幾乎所有人都察覺到地震的發生。搖晃持續長時間的話會有人感到恐怖及不安。較重的陶瓷物品亦會被搖晃至發出聲響。
4	很多人都會感到恐怖及不安，開始會試圖保障自己的安全，亦會有人躲到枱底下，睡夢中的人都會醒來。懸掛物會大幅搖晃，物件被搖到發出聲響，放在高處的物件或會墮下。屋外電線搖晃，步行中的行人或駕駛中亦會感到搖晃。古舊的木造建築物會有明顯搖晃。
5 弱	幾乎所有人感到恐怖，會保障自己的安全。開始難以步行。室內物件例如餐具、書籍亦會墮下。抗震力較弱的木造建築物的柱或受損。或有地方會停水、停煤氣。
5 強	感到恐怖，幾乎所有人都會中斷原來的行動。室內物件例如餐具，甚至電視機亦會墮下。部分門窗會變得無法開關。或有人因被室內物件擊中或跌倒而受傷。窗門玻璃或會破裂，道路或有損毀。抗震力較弱的木造建築物的牆壁或柱或受破壞。開始出現停電；煤氣管或水管會受損。
6 弱	基本上難以站立。未有固定好的傢俱會被移動甚至倒下。很多門窗會無法開關。很多建築物的玻璃會破裂，外牆石屎剝落。抗震力較弱的木造建築物會倒塌；抗震力較高的建築物亦會受損。列車或會出軌。
6 強	無法站立，只能抓緊地面爬行。很多建築物外牆石屎剝落、門窗玻璃破裂並墮下。抗震力較弱的石屎建築物亦或會倒塌。主要的城市基礎建設，如煤氣和水管受損。
7	無法按自己的意思行動。大部分傢俱大幅移動，甚至被拋起來。部分耐震能力較強的房屋亦嚴重受損、傾斜。大範圍地區的電力、煤氣和食水供應中斷。地面嚴重受損和發生嚴重山泥傾瀉，整體地貌亦可能被改變。

表 2. 氣象廳震度階級表。資料來源：日本氣象廳。

4.2
點解有「先上下、後左右」搖晃？
其實同兩種地震波有關！

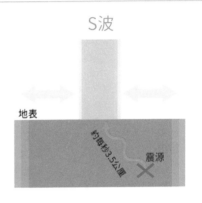

圖 1. P 波和 S 波示意圖。

雖然香港並非位於板塊邊界附近，鮮有發生強烈地震，但間中都會接獲有感地震報告。2022 年 3 月 14 日凌晨，香港以東發生一次 4.1 級地震。為 1979 年短週期地震監測網成立以來，香港方圓 100 公里內最強的一次地震，是首次達到 4 級或以上。MET WARN 接到不少網友報告，表示感到「先上下」、「後左右」般搖晃，這樣的震動其實與地震波有關。

地震波主要分為兩類：一類在地球內部傳播，稱為體波（body wave），並因應物質的振動方向可再細分為縱波 P（primary wave）和橫波 S（secondary wave）；另一類在地殼表面傳播，稱為面波（surface wave）。

各類地震波的傳播速度不一，縱波 P 的速度最快，約為每秒 6 公里，是因為 P 波屬於「壓縮波」，而地球內部幾乎不可能被壓縮，因此 P 波很容易傳遞能量，亦是所有地震波之中傳遞速度最快。橫波 S 次之，約為每秒 4 公里。S 波屬於「剪切波」，其傳遞時振動方向與傳播方向垂直。面波則最慢，但造成的震幅及破壞則以面波最大，橫波 S 次之，縱波 P 最小。

一般而言，P 波所帶來的震動會較 S 波小，破壞力亦都會較弱。我們亦可以從地震波形圖觀察到 P 波和 S 波的出現。讀者感到兩種不同方向的搖晃，可能是由不同的地震波所致。

由於 P 波傳播速度較 S 波快，所以每當發生地震時，P 波會先到達。日本當局就藉地震波的這項特點，與地震波「鬥快」發出警報；當捕捉到 P 波時就立即推算地震強度，一但預計有地方的最大震度達日本氣象廳震度階級表中的「5 弱」或以上時（約相當於修訂麥加利地震烈度表中的 V(5) 至 VII(7) 度），便會發出「緊急地震速報」，以爭取僅數十秒的預警時間。不過受現今技術所限，此警報系統只能做到鬥快，而不能提前預警，因此位於震央正上方的地區或未能趕及在 S 波抵達前收到警報。

4.3
香港會唔會有大地震海嘯？
威脅同影響可以有幾大？

2022 年，香港共錄得 8 次有感地震，與 1999 年並列有記錄以來全年最多有感地震。香港並非位於地殼板塊邊緣，發生強烈地震的機會較低，本港所感受到的地震烈度亦一般較弱。另外，因受台灣及菲律賓的地形阻擋，在太平洋發生的海嘯普遍不會對本港構成顯著影響。不過受影響的機會再低亦非等如零，更不代表沒有潛在威脅。

位於菲律賓呂宋以西的馬尼拉海溝（Manila Trench）其實是有可能為南海帶來大地震及海嘯威脅。有別於在其他區域發生的大地震，一旦該區發生淺層強烈地震，在缺乏菲律賓及台灣地形屏障下，廣東沿岸受到的海嘯威脅將會更為直接。海嘯高度視乎斷層的破裂範圍及程度、位置、及斷層位移的方向；在最壞的情況下，廣東沿岸有機會出現顯著的海嘯。

根據 2019 年 7 月 於 European Geosciences Union《Natural Hazards and Earth System Sciences》發表的學術文章，馬尼拉海溝一帶自 1560 年代起便再沒發生大於 7.6 級的地震；而根據文獻記載以及針對南海不同島嶼地質的分析，學者推斷 1000 至 1064 年期間南海可能發生過一次嚴重海嘯。

多項研究亦指出，從地質構造來分析，馬尼拉海溝是有發生 8.5 級或以上地震的風險，至於重現期（return period）則沒有一致的評估，普遍認為是數以百年，甚至一千年或以上。

縱然海嘯的風險不能排除，但現時並無跡象顯示馬尼拉海溝或其他鄰近地區即將有強烈地震發生的風險，因此不必過份擔憂。不過即使目前風險尚低，知悉

其潛在威脅，居安思危亦是有其必要。

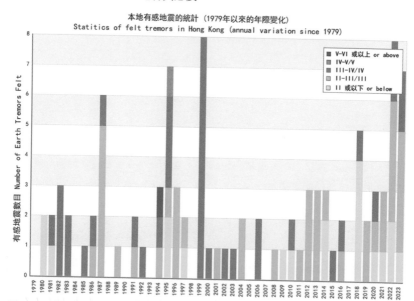

圖 1. 1979 年至 2023 年 7 月期間本地有感地震的烈度分布圖。圖片來源：香港特別行政區政府香港天文台。

圖 2. 馬尼拉海溝的位置。

4.4
海嘯的特徵和應變

相信不少朋友仍然對 2011 年日本 311 大地震的海嘯印象深刻，海水無情地不斷湧入內陸，沖毀日本東北沿岸多個城市，造成的人命傷亡及財物損失多不勝數。全球各地都曾經發生具毀滅性的海嘯，除了 311 大地震之外，2004 年的印尼蘇門答臘 9.1 級地震及 1960 年的智利 9.5 級大地震亦導致廣泛地區出現毀滅性海嘯。

香港天文台早在 1960 年代便設立了海嘯警報系統，如預料南海或太平洋發生的強烈地震會引發海嘯，導致香港受顯著海嘯（即海嘯高度比正常水位高出 0.5 米以上）影響，而預計海嘯會在三小時內抵達香港，天文台便會發出海嘯警告，提醒市民採取預防措施。

讀者或會疑惑，只是 0.5 米的海嘯，連成年人身高一半也不到的海嘯為什麼要發出警告呢？首先要了解的是海嘯和一般海浪的分別。一般的海浪是由風帶動海水表面出現波動，屬於表面波，波長由數米至數百米不等。而海嘯大部分成因都是由於海底的斷層出現大幅度位移，令整個海底至海面的海水在短時間內大幅度波動，產生海嘯。而海嘯的波長可長達數公里至數百公里，影響範圍廣。海嘯靠近沿岸時，由海底至海面的海水整體會湧向岸邊，擁有巨大力量，破壞所到之處。日本有實驗證實，僅僅半米以下的海嘯亦可以將一個成年人沖走，所以即使海嘯高度看似不高，但絕非一個普通的海浪，而是有大量海水伴隨強大力量湧向沿岸。

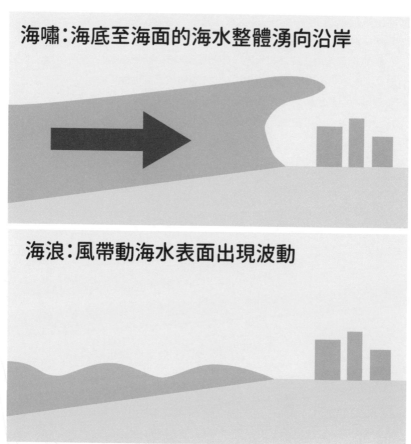

圖 1. 海嘯（上）與海浪（下）的分別。

雖然香港附近有台灣及菲律賓的天然屏障，發生嚴重海嘯的風險不太高。不過，馬尼拉海溝引發海嘯的風險依然存在。萬一嚴重海嘯發生時，大家可參考天文台網站上《香港海嘯的監測及警告》一文，並謹記以下的注意事項：

1. 遠離岸邊、海灘及沿岸低窪地區。如身處這些地點，應前往內陸地方或地勢較高的地面。如沒有時間迅速前往內陸地方或地勢較高的地面，可棲身於以

鋼筋混凝土建造的多層高建築物的較高樓層，以策安全。

2. 切勿進行水上活動。

3. 船隻應遠離岸邊或淺水水域。如船隻繼續繫泊於避風塘，應使用雙倍的繫泊用具，而所有人員均應離開船隻，前往地勢較高的地面。

4. 請遵照這些預防措施，直至天文台取消海嘯警告。

5. 請留意電台或電視台廣播的進一步資料。

第五章

這些年

我們一起熱血的日子

5.1
直播室的二三事

2016 年起，MET WARN 每逢風暴襲港，都會在 Facebook 專頁直播報道風暴消息，創香港氣象界先河。直播室的二三事，會由 MET WARN 直播組為大家娓娓道來。

主播：關於直播的回憶、未來的展望

首次直播的回憶？

第一次主持風暴直播是 2016 年熱帶氣旋莎莉嘉襲港的時候，當時直播沒有很多環節，只會由主播簡單預備報道的內容，連正式的稿件也沒有。當時人手和時間都有限，草率地預備好資料就開始直播，所以心情特別緊張，心中只想著要把預備好的內容報道出來，腦袋中一片空白。

「放送事故」的經驗？

最驚險的一次，是直播期間自己的電腦突然故障，畫面一黑，預備好的所有資料都在眼前消失。當時直播推出了很短時間，是第一次發生放送事故。我頓時不知道應該怎樣反應，只知道要把電腦重新開機，結果電腦啟動時的聲效就完整地「播出街」，我心都涼了一截。但直播絕不能因此而中斷，我只能佯裝若無其事繼續報道，實情是被嚇得「三魂不見七魄」。不幸中之萬幸是我當時用平板電腦進行連線報道，我的聲音未至於在畫面上消失。

另一次的放送事故，是 2022 年熱帶氣旋尼格襲港的時候。原本我們預備好戶

外片段在直播中播放，結果播出的卻是同年 8 月熱帶氣旋馬鞍襲港時長洲的片段。幸好在直播前我都有確認過會播出的片段，即時發現「播錯片」，當鏡頭回到我身上時都可以即場「爆肚」，爭取時間等待導演重新預備好正確的片段。

風暴直播的得著？

最大的得著，是學會了臨危不亂，處變不驚。直播的時候，沒有人會知道下一秒會發生甚麼事，而主播站在風暴最前線，在危急時要保持冷靜，保持最佳狀態，代表 MET WARN 為觀眾朋友報道最新風暴資訊。

未來的直播，我想⋯⋯？

首先我希望繼續謹守崗位，尤其在極端天氣頻發之下，大眾對相關資訊的需求增加，我們的角色變得相當重要。而在謹守崗位同時，我亦希望團隊能夠與時並進，加入不同新元素，以不同角度為各位報道最新風暴消息，緊貼風暴最前線。

主播：點止讀稿咁簡單

台上一分鐘，台下十年功

一般來說，直播的準備工作包括撰稿、製圖、設定直播系統及 Graphic 系統等等。熟悉我們的朋友都知道，一般直播都會在晚上十時半左右開始，那麼直播開始前數小時我們的工作流程又是怎樣呢？

我們一般會在直播開始前大約三、四小時擬訂內容大綱，例如分析風暴動向、風雨影響時段、風球概率、風暴潮影響等等，然後便會分工合作，由大約三、四位成員各自負責撰寫不同稿件，並且要在直播開始前一小時大致完成稿件。與此同時，我們會因應稿件內容製作不同資料圖片，例如高空天氣圖等等，在直播中播出。

而導演便需要設定直播系統，將準備好要播出的資料整理，同時會與主播及戶外直播成員「試廠」，測試鏡頭、收音等等。而主播亦會開始將所有稿件整合，並作最終確認。始終主播是整個直播的門面，亦是最終把關者，需要確保稿件內容無誤。尤其我們只是一個少人數團隊，出現錯漏在所難免，小至數字、字眼出錯，大至內容上錯誤等等，都需要在直播前一一確認。因為直播沒有 Take two，出錯便難以挽回，所以內容的最終確認至關重要。

確認稿件內容後，主播便需要反覆閱讀稿件，將稿件內容消化、若有難讀字時確認發音。重要的是，主播需要因應內容而調整報道時的聲線和表情。例如當風暴會對香港構成相當威脅時，總不能笑容滿臉地報道，而是應以一個較嚴肅的表情及聲線，向觀眾傳達風暴最新消息。

最大的挑戰：無間斷直播

絕大多數情況下，風暴直播都會有預備好的稿件，但天氣不似預期，總有例外。

2020 年熱帶氣旋海高斯，為香港帶來了意外的九號烈風或暴風風力增強信號，近鄰的澳門更要懸掛十號風球。

天文台在 8 月 18 日晚上發出八號烈風或暴風信號，MET WARN 當晚直播報道風暴消息，直播的內容亦與平常的直播沒有甚麼大分別，亦沒有發生特別的突發事件。回答了一輪觀眾朋友的疑問後，直播在當晚 11 時許完結，我們 MET WARN 成員都鬆了一口氣，滿心歡喜的以為可以「收工」。

怎料到，海高斯的奇妙故事在這時才開始。海高斯出現爆發性增強，並更接近香港。天文台於沒有提及會否改發更高信號的情況之下，便在凌晨突然改發九號信號。由於事出突然，觀眾朋友都有興趣想知道到底發生過甚麼事，所以我們在凌晨加插一節直播。因為準備時間相當有限（由決定直播到正式直播只有約 15 分鐘時間），預備完整稿件是不可能的任務，我們只能見步行步，稍稍翻閱一下最新氣象資料後直播便要開始。

「各位，一節最新消息，天文台喺上晝 1 點 30 分，改發九號烈風或暴風風力增強信號。再重覆同大家講多次，天文台已經改掛九號風球。」

沒有提前預備好的稿件，只有電腦畫面上的氣象資料。憑著畫面上的資料、導演編輯的提示、戶外同事的現場報道、自己對風暴背景資料的記憶、對氣象的認識，向觀眾講述最新的風暴情況。本地風力最新情況、為何會突然改掛九號風球、會否再改掛十號風球、為何海高斯會爆發增強、為何海高斯會更接近香港⋯⋯一五一十向觀眾講解，就是這樣完成了直播，當時是凌晨兩時多。由於直播時都需要極高專注力，加上與傳統新聞報道不同，MET WARN 的直播內容通常都由主播全部讀出，所以當直播結束之後都會感到筋疲力盡。

圖 1. 2020 年熱帶氣旋海高斯風暴直播，改掛九號風球的一刻。

平常進行直播時，有預早準備好的稿件，鏡頭前亦有字幕機提示，「照稿讀」的確不太難。但天氣變化可以非常急速，一早預備好的稿件也可以變成廢紙。加上近年我們會在報道風暴消息後解答觀眾的疑問，這個時候也不會有稿件。所以直播絕對是「點止讀稿咁簡單」，突發情況下只能依靠自己對氣象的認識，再加上保持冷靜的心理狀態，才能準確地為觀眾講解風暴情況。當然，我都不

是每次做直播的時候都可以侃侃而談，也有失準的時候，亦會不時深深感受到自己氣象知識仍有不足，我希望再下苦功，為觀眾提供更高質素的直播。

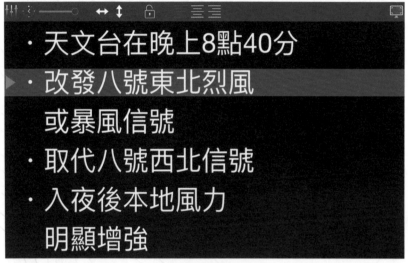

圖 2. 字幕機雖是「好幫手」，但不能過度依賴。直播期間不時會發生意想不到的事，做足功課才入廠直播是對觀眾和整個團隊的尊重。

籌備全新直播

2022 年，MET WARN 的風暴直播作出了一個新嘗試，就是改變了直播畫面設計以及主播會在直播時「露面現真身」，為大家報道風暴消息。

熟悉 MET WARN 的朋友或許都知道，MET WARN 以往的直播都是主播作聲音報道。這是因為以往我們受到了硬件的限制，未能夠以真身面向觀眾進行報道。為了歡眾可以得到更好的視聽體驗，我們作了這個新嘗試，重新開發直播系統，購入直播室設備，例如「綠幕」、照明等等。而沿用了兩年多的片頭及開場音樂亦推陳出新。

當然這個新嘗試絕對不是「即日鮮」，因為採用了全新直播系統，廠內和戶外同事連線上需要作調整。所以我們直播團隊反覆「試廠」，經過無數調整才能趕及在 2022 年「初旋」暹芭時將全新面貌的直播正式推出。

「今晚，我哋會報道…」

「大家好，歡迎收睇風暴速報，我係林東岳。」

「由今日開始，風暴速報會以全新面貌同大家見面…」

圖 3. 2022 年「初旋」暹芭，正式推出全新面貌風暴直播。

新版本直播正式播出時的心情至今依然記憶猶新，感覺回到了 2016 年第一次直播般，腦袋一片空白，臉上流露著緊張而有點尷尬的笑容。幸好第一晚直播順利結束，沒有特別的「放送事故」，這是有賴團隊每一位的通力合作。直播從來不是 One man band，主播、導演、編輯、戶外同事要各司其職，缺一不可，才能製作出一個完整、一個觀眾「睇得舒服」的直播。

圖 4. 2022 年 8 月熱帶氣旋木蘭襲港，與前新聞記者羅若安合作報道風暴消息。

導演：直播系統的開發——有限人手中如何效率化？

平時打開電視看新聞報道，直播室內除了有負責報道新聞的主播外，幕後還有導播、助導、音效及編輯等人。但 MET WARN 團隊人數有限，可想而知擁有相關技術知識的成員更是少之又少。

直播報道風暴消息，目的是讓觀眾了解天氣形勢的最新發展，更重要是得知打風對自己有甚麼貼身影響，因此單純以聲音廣播並不足夠，輔以畫面來講解能令觀眾更容易接收我們想帶出的資訊。

MET WARN 不像電視台般有龐大資金購買專業的直播系統和設備。即使能擁有這類設備，也沒有足夠人手去操作。有不少觀眾看過我們的直播後，都對我們用甚麼直播軟件感到十分好奇。這個並非甚麼「商業秘密」——我們採用免費開源軟件（Open-source software，簡稱 OBS），這亦是網絡實況創作者廣為認識和採用的軟件。

每次直播在幕後操作畫面的，就只有導演一人。為了有效報道和講解最新的風

暴消息，我們需要展示林林總總的實時資訊，例如風速、正在生效的天氣警告、天氣雷達圖及其他文字資訊等。如果單靠用 OBS 直播，要即時更新資訊又同時控制畫面，恐怕導演要有多幾雙手才能做到吧！

因應這個情況，MET WARN 的直播導演在另一開源軟件 NodeCG 的基礎上，按著我們的直播需要，開發了一套 Graphic 系統，能夠自動更新實時氣溫、濕度、天氣警告及風速等，顯示在畫面上，又能控制在畫面下方滾動的重點資訊，務求讓 MET WARN 的直播在有限人手中效率化，盡力帶來接近電視台的質素。

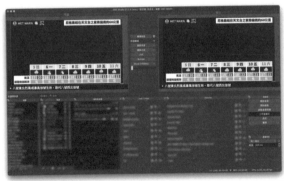

圖 5. MET WARN 採用免費軟件 OBS 作為直播系統，僅由導演一人控制，要同時兼顧畫面、聲音及與主播溝通，絕不容易。

圖 6. 由 MET WARN 開發的直播 Graphic 系統，能控制畫面顯示的天氣資訊，畫面下方的滾動文字，實在為導演分擔了不少工作。

5.2
戶外直播手記

「我哋嘅同事而家就喺 XXXX，交畀你講下出面嘅情況喇！」

如果各位讀者有收看 MET WARN 的《風暴直播室》，應該都記得戶外現場直播是必備環節之一。上一個章節分享了主播直播時的各種大小事，戶外直播看似簡單直接，但到底又是怎麼一回事呢？

其實，戶外「真 live」，是 2018 年起才真正常規化。此前技術尚未成熟（嗯好吧其實就是手機網絡不夠好），於是我們便嘗試過做「假 live」；就是扮作即時連線，但實際上是預先錄播「夾對白」。慢慢地再演變到今時今日聲畫俱備且清晰度尚佳的直播。

但無論真假，也總要派人到戶外直擊風暴情況。目前，我們只有一位成員是可以固定到戶外進行直播。讀者可能會有疑問：「咁夜先直播，你哋唔使返工咩？」誠然，我們原則上作為非牟利專頁，靠光合作用是不可能自給自足的。所以，能驅使我們整個團隊繼續堅持，除了是對氣象的愛，便是對 MET WARN 這個專頁的責任。

談到想加入戶外直播的主意，是源於 6 年前（2017 年）我們其中一位成員的加入。他本身就是「戶外型」氣象迷，幾乎是有風必追。雖說欺山莫欺水，但我們的駐外成員的興趣便是感受狂風暴雨，所以外出時必須要盡可能將潛在風險減至最低。與大家於電視上看到或印象中的「膠雨褸加膠拖鞋」不同，對負責任的追風族而言，我們必先以個人安全為優先考慮，避免連累他人。因此防

水衣物可謂是最基本的配置，必要時更需要配備頭盔以策萬全；當然也少不了「最佳拍檔」——風速計。

熱帶氣旋天鴿和帕卡襲港期間，駐守戶外的成員將風速計顯示的即時數據拍照記錄，然後傳送到 MET WARN 的工作群組，再以發帖形式對外公布戶外情況。加入戶外直播的想法便由此誕生。同年年末，熱帶氣旋卡努襲港，我們首次嘗試了「假 live」，效果固然未盡人意，但至少是踏出了第一步，務求不久的將來可以提供到更豐富的直播內容。

圖 1. 直播時採用的部分裝備。

風暴速報 +10

預警中心今早
在紅磡碼頭錄得陣風
每小時142公里
達颶風程度

HKTCWC

圖 2. 2017 年熱帶氣旋天鴿襲港期間關於紅磡碼頭實測風力之帖文。

圖 3. 2017 年熱帶氣旋帕卡襲港期間關於紅磡碼頭實測風力之帖文。

圖 4. 2017 年熱帶氣旋卡努襲港期間直播截圖。

想不到翌年（2018 年），在我們的直播技術尚未成熟時，便迎來首次，亦是最驚險的一次現場連線直播。提到 2018 年，相信讀者們都心裡有數是哪一個熱

帶氣旋了。山竹襲港期間，成員各司其職，嚴陣以待。由於幾乎是不眠不休地應戰，結果到了十號風球當日，直播前還不小心「蝦碌」—— 於直播開始前，我們閒聊的聲音通通「出了街」，還要好一陣子才察覺不妥呢！而我們的駐外成員當時因為猛烈的海水倒灌而被困紅磡碼頭公廁，導致直播一度需要延遲開始。由於事前已做妥風險評估，加上有前輩級追風人士幫助，最終駐外成員有驚無險，安然渡過。

及後我們繼續以提供更流暢直播為目標，嘗試不了不同的軟硬件，由換電話到換平台通通都試過。最終在 2022 年起，「聲音畫面無問題」的直播成為了常規環節。在風雨交加之時，直播仍是偶然會有信號問題，但比起剛起步時的直播已經可謂是天淵之別了。同年，我們更獲網絡創意媒體 ACOO 的邀請，與前新聞從業員羅若安一起進行直播。能獲眾前傳媒人賞識，可謂是 MET WARN 一大榮幸。

讀者們可能會心生疑問，MET WARN 的直播跟一般傳統媒體所提供的風暴消息又有何分別呢？事實上，我們對《風暴直播室》的定義為資訊性節目，而非單純的新聞報道。畢竟現今信息傳播速度驚人，而且不論傳統網絡傳媒近年都懂得以引述香港天文台以外各種預測天氣的電腦模式作出報道。因此，製作一個內容大致重疊的節目意義甚微。所以我們於節目中，除了引述電腦模式或機構預測以外，亦會綜合各項資料以提供自家分析，期望盡量可以將一大堆難以理解的數據，一一翻譯成「人話」；務求以最直白的語言，令一般市民可以及時於惡劣天氣來臨作出應變。而駐外成員亦需要事前準備，不能與一般風暴消息一樣只談風風雨雨，並配合臨場發揮，在報道實時戶外情況的同時，帶出相關知識，或輔以電腦模式的預測解釋當時天氣狀況成因。務求觀眾不只是單向接收資訊，而是可以對各種天氣現象的原理稍作理解。

直播環節至 2022 年已經堅持了六個寒暑，收看人數由最初的小貓兩三隻，變成幾十人，再變至少幾百人。在此，我們再一次衷心感謝大家對《風暴直播室》的支持。

5.3
多功能網頁 氣象資訊更易入手

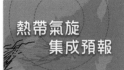

熱帶氣旋
集成預報

集合多個電腦的集成預報,助你掌握熱帶
氣旋各種動向的可能性

圖 1. MET WARN 網頁的各種氣象工具。

MET WARN 在多個平台發放不同的氣象資訊,其中在我們的網頁有不同的氣象
工具及實時天氣資訊可供大眾參閱及使用。

製作氣象工具是希望公眾能夠更易掌握和明白不同種類的天氣資訊,從而提升
公眾對氣象的興趣,鼓勵他們自己分析天氣和明白天氣預測的難處。網上的天
氣資訊包羅萬有,有來自世界各地的天氣觀測、官方氣象台的預測、電腦模式
的運算結果等等,一般公眾可能需要花大量時間尋找相關資訊,亦難以明白各

種數據的特點和限制。我們的氣象工具平台整理出較常用的資訊，製成容易理解的圖像，並輔以說明，幫助用家理解和解讀天氣資訊。

有見近年熱帶氣旋急劇增強似乎變得更頻密，MET WARN 推出了熱帶氣旋急劇增強預報的資訊。這個預測轉載自美國當局最新的研究成果，研究發現預測的機會率對熱帶氣旋在未來一兩日內會否急劇增強有指示作用，從而減少人命及財產損失。

除了在社交媒體(Facebook、Instagram、Telegram)發布內容外，我們的網頁(www.metwarn.com)亦會同時更新較具教育意義的內容。網頁採用最新響應式設計，即使讀者使用不同手機型號、甚至平板電腦瀏覽，都不會影響視覺和閱讀效果，皆因為我們明白此等資訊的實時性非常重要，利用社交媒體、網站就可以令讀者隨時隨地以最佳效果瀏覽我們的更新，不會錯過任何貼身和具教育意義的內容。

未來，我們會與時並進，適時更新網頁的設計、功能及內容，讓用戶有更好使用體驗，更易接觸各式各樣的氣象資訊。

後記

周萬聰
資深傳媒人

時間回到 1986 年，一個名叫「韋恩」的熱帶氣旋在半個月內三度訪港，當時皇家香港天文台史無前例為一個風三次「掛波」，讓那時還是小學雞的我印象難忘——氣象原來可以那樣變幻莫測，「估你唔到」。正正也是這個一生烙印，令我從此踏上成為業餘「氣象 ＿」的不歸路（那個空格自己填，哈）。在那個沒有互聯網、資訊流通相比現在不發達的年代，每次「追風」資料均相當有限，也僅能靠坊間數量不多的叢書增進氣象知識。

中學時曾經立志要加入天文台，還特意選修了地理科（有得讀「天氣與氣候」嘛應該沒錯吧），豈料原來單單讀地理是做不成科學主任的（後來發現不少有志之士都跟我犯過同樣錯誤，叫內心的不忿與失望稍為紓減）。年少夢碎，但我沒擱下對氣象的興趣和熱誠，更在新聞行業打滾十多年後，以另一個角色成為天文台一員，圓了兒時的夢，更可以名正言順一路返工一路追風，你說，多麼過癮呢。

這段對我來說有今生無來世的經歷，令我深信一件事——一世人流流長，總要找些自己喜歡做的事，培養一些與人生規劃看似不相關的興趣，投入鑽研。你永遠不會知道，這些看來風馬牛不相及的事情，會在你走到人生某個分岔口時，帶你踏進意想不到的境地，幫助你飛得更高、走得更遠、眼界視野更闊大。

很佩服 MET WARN 這群（做得我仔女有餘的）氣象發燒友，在這個看似甚麼都講求回報與效益的年代，花掉一般人看來不成比例的時間與精神，深入淺出地分享氣象知識，更在每次風雲色變、山雨欲來之時，為公眾提供貼地的天氣

資訊。在我看來,他們不是與天文台「搶客」,倒是造就了一種良性互動,能叫官方氣象部門意識到民間脈搏,也令社會大眾在氣象科普知識上獲益匪淺。

祝願 MET WARN 一班後生仔女,在寬廣的未來,即使面對不安天氣,仍能守好那片夢;牢記初心,無懼雨暴,逆風堅持。

後記

羅若安
ACOO 總編輯

「捉得緊現在，先可以預報未來！」跟 MET WARN 初相識，便跟隨他們追風趕雨，報導熱帶氣旋木蘭的動向，見識了怎樣「預報未來」！

很難想像，一群年輕人「業餘」地創辦了一所「專業」的網上氣象台，不僅做得有聲有色，還累積了不少人氣。說他們「業餘」，並不是「玩玩吓，未夠班」的意思，而是各自在正職之餘，齊心協力為同一件事而奮鬥；說他們「專業」，是看見大家各司其職，一絲不苟的精神，由衷地表示佩服。

記得第一次到他們的 Facebook 專頁，看有關風暴最新消息的直播片。以為會相當簡陋，誰不知有板有眼、有驚喜。從片頭（opening ID）和不時更新的資訊欄（行內俗稱「走馬燈」），到氣象圖表的切換，以及跟網民的即時互動，整體製作自然流暢，合乎節目編排的邏輯，一點都不馬虎。能夠做出這樣高質的直播，充分反映了團隊成員合作無間的默契，值得給個讚！當然最難能可貴的地方，是把艱深的氣象知識，變成大家都能聽得懂的「人話」。

「風膠，我認，是合理形容。」訪問 MET WARN 創辦人東岳時他如是說。東岳自小熱愛氣象，14 歲時開設 Facebook 專頁，不知不覺成立 MET WARN，如今踏入第 11 個年頭，是「天意」把這群志同道合的「風膠」聚在一起，各自發揮所長，為社會大眾提供最新最快的氣象資訊。這次更創新猷，出實體書，深入淺出，分享有趣的氣象知識。書中好幾位撰稿的成員，除了與我一齊「淋到落湯雞」的 Roger 外，其他的只聞其名，不識其人，Ray、Patrick、Groot、O 和 John（部分為化名），明白你們都很低調，在這裏送上我至誠的祝福。

附錄：風力體感

MET WARN 參考日本氣象廳製作的風力強度表，將風力對人的影響、戶外情況作對比，望能令大家更易理解：

大約平均風力（公里每小時）	對人的影響	戶外情況
~50	逆風步行會感到困難；難以撐傘。	樹木明顯搖晃。
~70	可能無法逆風步行，甚至跌倒。在高處工作會極度危險。	招牌有機會被吹塌。
~90	不抓緊物件的話無法站立。	樹木倒塌。招牌等物件被吹塌、吹至飛散。路牌被吹至傾斜。
~110		
~125	在戶外的行動極為危險。	
~140		大量樹木倒塌。電燈柱、大型貨車等或被吹倒。
>140		

表 1. 日本氣象廳風力強度表。資料來源：日本氣象廳。

 附錄：雨量體感

MET WARN 亦參考日本氣象廳製作的降雨強度表，將時雨量與體感、對人的影響作對比，望能令大家更易理解雨量強度：

時雨量（毫米）	實際體感	對人的影響
10 – 19	雨水「沙沙聲」般降下	雨水從地面反彈，令人們的腳濕透
20 – 29	大雨	打開雨傘亦會弄濕
30 – 49	傾盆大雨	
50 – 79	雨水像瀑布般降下	雨傘變得毫無作用
>=80	令人感到呼吸困難的壓迫感，會感到恐怖	

表 2. 日本氣象廳降雨強度表。資料來源：日本氣象廳。

備註：讀者應留意，風力及雨量強度表為日本氣象廳根據當地情況製作而成，只能概括地總結風力及降雨的強度，有機會與香港的實際情況有所出入。

解構氣象點線面

作　　者　MET WARN 天氣預警
責任編輯　吳愷媛
書籍設計　WhitePlainNoodles

蜂鳥出版
HUMMING PUBLISHING

在世界中哼唱，留下文字迴響。

出　　版　蜂鳥出版有限公司
電　　郵　hello@hummingpublishing.com
網　　址　www.hummingpublishing.com
臉　　書　www.facebook.com/humming.publishing/

發　　行　泛華發行代理有限公司
圖書分類　①氣象　②科學
初版一刷　2023 年 9 月
二版一刷　2023 年 11 月

定　　價　港幣 HK$158　新台幣 NT$700
國際書號　978-988-76389-0-2